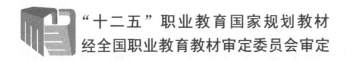

"十二五"职业教育国家规划教材

经全国职业教育教材审定委员会审定

网络安全管控与运维

武春岭　王　文　主　编
甘　晨　王常亮　何　欢　副主编
北京中数城科技有限公司课程开发支持
杭州思福迪信息技术有限公司产品技术支持

电子工业出版社

Publishing House of Electronics Industry

北京·BEIJING

内 容 简 介

本书针对信息安全行业管控与运维的技术要求和安全服务素质要求，结合高职高专教学特点和多年信息安全技术专业课程教学改革成果，与北京中数城科技有限公司深度合作，以目前企业网络安全管控与运维为技术背景，借鉴国内"注册信息安全专业人员（CISP）"相关安全管理内容，开发出了理实一体化的信息安全管控与运维实用教材。

本书内容有效整合了现代信息安全技术服务企业安全管控与运维技能要求，每章是一个学习项目，开宗明义，从"项目描述"入手，使读者首先清楚本章要完成项目的内容，做到目标明确；然后展开"相关知识"学习，使学习者掌握技能实施必备的理论和技术规范；最后通过"项目实施"细化为若干个实践任务，强化学生技能；体现了"项目牵引、任务驱动"和"教学做"一体化的思想，实用性强、浑然天成。

本书可作为高职院校网络与信息安全技术专业或其他计算机类专业的"信息安全管控与运维"核心课程教材，也适合通信技术专业和其他相关"信息安全管理"领域教学和社会培训使用。

图书在版编目（CIP）数据

网络安全管控与运维 / 武春岭，王文主编. —北京：电子工业出版社，2014.9
"十二五"职业教育国家规划教材

ISBN 978-7-121-24137-6

Ⅰ. ①网… Ⅱ. ①武… ②王… Ⅲ. ①计算机网络—安全技术—高等职业教育—教材 Ⅳ. ①TP393.08

中国版本图书馆 CIP 数据核字（2014）第 191759 号

策划编辑：徐建军（xujj@phei.com.cn）
责任编辑：郝黎明
印　　刷：北京七彩京通数码快印有限公司
装　　订：北京七彩京通数码快印有限公司
出版发行：电子工业出版社
　　　　　北京市海淀区万寿路 173 信箱　邮编　100036
开　　本：787×1 092　1/16　印张：11.25　字数：288 千字
版　　次：2014 年 9 月第 1 版
印　　次：2024 年 2 月第 12 次印刷
定　　价：29.00 元

凡所购买电子工业出版社图书有缺损问题，请向购买书店调换。若书店售缺，请与本社发行部联系，联系及邮购电话：（010）88254888，88258888。

质量投诉请发邮件至 zlts@phei.com.cn，盗版侵权举报请发邮件至 dbqq@phei.com.cn。

本书咨询联系方式：（010）88254570。

信息系统运行维护与安全管控是保证信息系统稳定安全运行的重要基础，尤其是在目前大量采用国外设备及技术，以及运行维护工作外包的环境下，通过运行维护的安全管控实现设备的受控使用和维护，对于国家信息安全和行业信息系统稳健运行具有重要意义。

本书以介绍信息系统运行维护与安全管控为重点，通过"项目牵引、任务驱动"的结构方式，让读者置身于实际的工作环境，完成一个个项目任务，从而让读者掌握系统运行维护与安全管控的知识和技能。

"职业导向、突出技能"为本书的设计特色，主要从内容选择、内容组织、内容呈现三个方面具体落实。

1．内容选择：对接职业标准、体现"四新"、融入产业文化。根据学生将来专业学习和职业工作的实际情况，注重新知识、新技能、新产品、新技术等内容的编写。参考、借鉴国外信息安全技术优秀教材的编写经验，做到课程内容的"国际对接"，兼顾专业发展能力，做到职业教育与终身学习对接，充分体现时代特征。顺应新形势需要，注重吸收产业文化和优秀企业文化，将现代产业理念和现代优秀职场文化编入教材。

2．内容组织：以职业工作逻辑为脉络，编制教材大纲，编写开发能力本位教材。并根据实际需要，结合 CISP 所要求的信息安全管理内容，让读者了解系统运行维护与安全管控的相关知识，突出了项目式教材特色。

3．内容呈现：目标先行、动机诱发、科学规范、图文并茂。力求做到学习目标先行、有效激发学习兴趣和动机。根据教育传播规律，采取图文并茂及多样化合理的传播形式，注重提高信息接收效率，提高阅读过程的成就感和愉悦感。

本书主要是介绍系统运行维护与安全管控，与许多介绍系统运行维护的书籍不同，本书偏重于运维的安全管控，实实在在地把运维的安全管控作为重点，而不只是一两章提到运维安全，而实际上一两章是绝对不够介绍运维的安全管控的，只能是蜻蜓点水而已。

这本书以"项目任务型"的叙述方式，让学生通过一个个任务了解运维的安全管控，所包含的 6 个项目涵盖了系统运行维护与安全管控的方方面面，具体内容如下所述。

项目一介绍运行维护的工作内容以及常见的运行维护技术方法。我们从了解常见的运行维护工具开始，逐步了解设备日常巡检的工作内容，了解突发事件应急响应及系统变更的流程。

项目二介绍运行维护设备安全管控。通过完成 4 个任务，读者会对设备的安全管控有新的认识，了解常见的设备分类方法及实现过程，掌握针对设备表单的安全管理措施，掌握常见的新购设备管理过程并生成相关表格，掌握设备分级方法，了解设备的通用安全配置要求，并能对设备进行安全配置。

项目三介绍运行维护人员安全管控。可以让读者了解实施运行维护人员安全管控的意义及基本内容，掌握运行维护人员离职和入职的工作交接程序和具体的安全管控方法，掌握外来运行维护人员的定义及实施安全管控的步骤和方法。

项目四介绍系统运维安全管控平台配置。通过人员管理配置、主机管理配置、权限管理配置及自动改密码配置这 4 个任务了解系统运维安全管控平台的配置方法。

项目五介绍运维操作安全监控，通过综合管控系统实现。通过对 OA 系统设备、业务系统设备及网络支撑设备进行运维操作安全监控，了解运维安全管控平台的审计管理员配置方法，掌握如何通过审计管理员对运维人员的维护过程进行监视，并掌握运维安全管控平台的指令操作授权配置方法。

项目六介绍运维操作数据管理，通过综合审计系统实现。通过本项目可以了解日志的采集技术，了解各个系统日志、网络流量日志采集的技术原理，并了解各种日志的配置过程及日志大小的计算方法，了解如何快速对运维事件进行准确定位，及时发现事件源头，并掌握如何配置统计报告。

本书由重庆电子工程职业学院的武春岭和王文担任主编，何欢老师完成了部分章节的编写工作，北京中数城科技有限公司的甘晨和王常亮给予了大力支持，并亲自参与该书的编写，沈海娟、郑士匠、封建伟、周晓峰和张辉等人也为本书编写做出了重要贡献，在此表示衷心的感谢！本书项目一由王文编写；项目三和项目五由武春岭编写；何欢负责项目二的编写；项目四和项目六主要由企业和兄弟院校朋友编写。

本书所有程序均调试通过，同时为了方便教师教学，本书配有电子教学课件及相关资源，有此需要的读者可登录华信教育资源网（www.hxedu.com.cn）注册后免费进行下载，如有问题可在网站留言板留言或与电子工业出版社联系（E-mail:hxedu@phei.com.cn）。

虽然本书体现了我们近年教学改革积累的经验，但由于开发经验有限，编写时间仓促，书中难免存在疏漏和不足。恳请同行专家和读者给予批评和指正。

编　者

目　录

项目一

了解运行维护

知识目标

- 掌握系统运行维护的基本概念
- 了解系统常见的维护方式
- 了解系统运维的常用工具
- 了解 Windows 系统日常巡检方法
- 了解 Linux 系统日常巡检方法
- 了解网络设备日常巡检方法
- 掌握突发事件应急处理流程
- 掌握应急处理的相关概念
- 了解系统变更的整个工作流程
- 掌握变更管理的基本概念

技能目标

- 掌握 PuTTY 工具的安装、配置和使用
- 掌握 VNC 工具的安装、配置和使用
- 掌握 RDP 协议的配置和使用
- 掌握 Windows 系统日常巡检操作
- 掌握 Linux 系统日常巡检操作
- 掌握网络设备日常巡检操作
- 掌握应急处理的流程与方法
- 掌握应急处理过程中的沟通方法
- 掌握系统变更的实施过程

项目描述

　　单位新招入 3 名应届毕业生，负责业务服务器、网络设备、办公用个人计算机的运行维护工作。由于应届毕业生初入职场，对日常运行维护过程中涉及的运行维护常用工具的安装、配置、操作等内容都不熟悉，因此单位专门为这 3 名新员工组织了一次运行维护工作入职培训，

主要目的是让他们尽快掌握运行维护工作技能。

技术部经理在 1 天的培训时间内，向他们介绍了日常运行维护过程所涉及的运维工具 putty、VNC（Virtual Network Computing）、RDP（Remote Desktop Protocol）的安装、配置和使用，另外还介绍了运行维护的工作内容以及常见的运行维护技术方法。

单位网络现有 OA 服务器（Windows 操作系统）1 台、业务服务器（Linux 操作系统）1 台、核心交换机（Cisco 设备）1 台、接入交换机（Cisco 设备）1 台、路由器（Cisco 设备）1 台、办公用个人计算机 30 台。这些设备的维护工作都由运维人员完成，他们日常工作中需要了解和掌握的技能包括设备日常检查、应急处理和系统变更。

 相关知识

1.1 系统运行维护

1.1.1 系统运行维护的含义

系统运行和维护的主要任务是进行系统的日常运行管理和维护工作，根据要求对系统进行必要的修改，对系统的运行效率、工作质量和经济效益进行评价，对系统运行费用和效果进行监理审计。系统交付使用后，根据用户新增功能的要求和不断适应外部环境变化的要求，进一步对系统做出必要的修改。

系统运行维护是指在信息系统交付使用后，为了改正错误或满足新的需要而修改系统的过程。信息系统是一个复杂的人机系统，系统内外环境，以及各种人为的、机器的因素都不断地在变化着。为了使系统能够适应这种变化，充分发挥软件的作用，产生良好的社会效益和经济效益，就要进行系统维护的工作。

大中型企业软件产品的开发周期一般为 1～3 年，运行周期则可达 5～10 年，在如此长的时间内，除了要改正软件中遗留的错误外，还可能多次更新软件的版本，以适应改善运行环境和加强产品性能等需要，这些活动也属于维护工作的范畴。能不能做好这些工作，将直接影响软件的使用寿命。

系统的维护是系统生存的重要条件。系统维护工作十分重要，统计和估测结果表明，在系统整个生命周期中，信息技术中硬件费用一般占 35%，软件占 65%，而软件后期维护费用有时竟高达软件总费用的 80%，所有前期开发费用仅占 20%。从人力资源的分布看，现在世界上 90% 的软件人员在从事系统的维护工作，开发新系统的人员仅占 10%，这些统计数字说明系统维护任务是十分繁重的。重开发、轻维护是造成我国信息系统低水平重复开发的原因之一。

1. 系统运行维护的含义

系统运行维护是指在信息系统交付使用后，为了改正错误或满足新的需要而修改系统的过程。

2. 系统的可维护性

系统的可维护性可通过以下几个方面来衡量。

（1）可理解性

可理解性是指别人能理解系统的结构、界面功能和内部过程的难易程度。模块化、详细设计文档、结构化设计和良好的高级程序设计语言等，都有助于提高系统的可理解性。

（2）可测试性

好的文档资料有利于诊断和测试，诊断和测试的容易程度取决于易理解的程度。同时，程序的结构、高性能的调试工具以及周密计划的测试工序也是至关重要。开发人员在系统设计和编程阶段就应尽力把程序设计成易诊断和测试的。此外，在系统维护时，应该充分利用在系统调试阶段保存下来的调试用例。

（3）可修改性

诊断和测试的容易程度与系统设计所制定的设计原则有直接关系。模块的耦合、内聚、作用范围与控制范围的关系等，都对可修改性有影响。

（4）系统文档

文档是系统可维护性的决定因素。由于长期使用的信息系统在使用过程中必然会经受多次修改，所以文档比程序代码更重要。系统的文档可以分为用户文档和系统文档两类。用户文档主要描述系统功能和使用方法，并不关心这些功能是怎样实现的。系统文档描述系统设计，实现和测试等各方面的内容。

3. 系统运行维护的内容和类型

根据运行维护活动的目的不同，可将系统运行维护分成改正性维护、适应性维护、完善性维护和安全性维护四大类。根据运行维护活动的具体内容不同，可将维护分成程序维护、数据维护、代码维护和设备维护。

（1）根据运行维护活动的目的分类

① 改正性维护。在系统交付使用后，因开发时测试的不彻底、不完全，必然会有部分隐藏的错误遗留到运行阶段。这些隐藏下来的错误在某些特定的使用环境下就会暴露出来。为了识别和纠正软件错误、改正软件性能上的缺陷、排除实施中的误使用，应当进行的诊断和改正错误的过程就称为改正性维护。

② 适应性维护。由于计算机科学技术的迅速发展，新的硬、软件不断推出，使系统的外部环境发生变化。这里的外部环节不仅包括计算机硬、软件的配置，而且包括数据库、数据存储方式在内的"数据环境"。为使系统适应这种变化，而去修改系统的过程就称为适应性维护。

③ 完善性维护。在系统的使用过程中，用户往往会对系统提出新的功能与性能要求。为了满足这些要求，需要修改或再开发软件，以扩充软件功能、增强软件性能、改进加工效率、提高软件的可维护性。这种情况下进行的维护活动称为完善性维护。

④ 安全性维护。信息系统要收集、保存、加工和利用全局的或局部的社会经济信息，涉及企业、地区、部门乃至全国的财政、金融、市场、生产和技术等方面的数据、图表和资料。随着病毒和计算机罪犯的出现，系统对安全性和保密性提出了更为严格和复杂的要求，用户往往会提出增加安全的要求和配套的安全措施，针对安全措施的维护称为安全性维护。

（2）根据运行维护活动的内容分类

① 程序维护。程序维护是指改写一部分或全部程序，程序维护通常都充分利用源程序。修改后的源程序，必须在程序首部的序言性注释语句中进行说明，指出修改的日期、人员。同时，必须填写程序修改登记表，填写内容包括所修改程序的所属子系统名、程序名、修改理由、

修改内容、修改人、批准人和修改日期等。同时，程序维护不一定在发现错误或条件发生改变时才进行，效率不高的程序和规模太大的程序也应不断地设法予以改进。

② 数据维护。数据维护是指不定期地对数据文件或数据库进行修改，这里不包括主文件或主数据库的定期更新。数据维护的内容主要是对文件或数据中的记录进行增加、修改和删除等操作，通常采用专用的程序模块。

③ 代码维护。随着用户环境的变化，原有的代码已经不能继续适应新的要求，这时就必须对代码进行变更。代码的变更（即维护）包括订正、新设计、添加和删除等内容。当有必要变更代码时，应有现场业务经办人和计算机有关人员组成专门的小组进行讨论决定，用书面格式写清并事先组织有关使用者学习，然后输入计算机并开始实施性的代码体系。代码维护过程中的关键是如何使新的代码得到贯彻。

④ 设备维护。系统正常运行的基本条件之一就是保持计算机及外部设备的良好运行状态。因此，要定期地对设备进行检查和保养，应设立专门设备故障登记表和检修登记表，以便设备维护工作的进行。

1.1.2 系统的常见维护方式

1．Windows 系统的常见维护方式

Windows 的维护常见方式为通过 RDP 协议，或者使用特定程序进行维护，专业化的维护程序主要是以 pcAnywhere 为代表的远程控制程序。

使用 RDP 协议的客户可以在远程以图形界面的方式访问服务器，并且可以调用服务器中的应用程序、组件、服务等，和操作本机系统一样。这样的访问方式不仅大大方便了各种各样的用户，而且大大地提高了工作效率，并且能有效地节约企业的成本。

pcAnywhere 是赛门铁克公司的著名产品，该软件适用于所有版本的 Windows 操作系统，支持调制解调器拨号、并口/串口直接连接和 TCP/IP、NetBIOS 网络协议等多种连接方式。该软件的使用与管理方式比较灵活，用户可以按照自己的需要单独安装主控端或被控端的软件，根据需要在被控端上创建各种连接下的远程控制方案，并能根据不同的用户分配不同等级的权限。在安全性能方面，pcAnywhere 提供了多种验证方式和加密方式，用户可以直接使用网络系统上的用户资料库验证远程连接，也可以创建独立的远程控制账户，根据需要选择加密数据的方式，保证在传输的过程中数据不被窃取。

2．UNIX/Linux 系统的常见维护方式

UNIX/Linux 下通常使用 SSH 协议进行远程管理，SSH 协议为字符型界面，因为 SSH 基于成熟的公钥加密体系，所以传输的数据会进行加密，保证数据在传输的时候，不被篡改及泄露，从而提高了系统的安全性。

SSH 为 Secure Shell 的缩写，由 IETF 的网络工作小组（Network Working Group）所制定，SSH 为建立在应用层和传输层基础上的安全协议。SSH 是目前较可靠，专为远程登录会话和其他网络服务提供安全性的协议。SSH 最初是 UNIX 系统上的一个程序，后来又迅速扩展到其他操作平台，几乎所有 UNIX 平台，包括 HP-UX、Linux、AIX、Solaris、Digital UNIX、Irix 都可运行 SSH。

SSH 的基本工作机制是本地的客户端发送一个连接请求到远程的服务端，服务端检查申请

的包和 IP 地址再发送密钥给 SSH 的客户端，本地再将密钥发回给服务端，自此连接建立。SSH 有很多功能，它既可以代替 Telnet，又可以为 FTP、PoP，甚至为 PPP 提供一个安全的"通道"。

在 Linux 操作系统最流行的图形化操作软件是 VNC，VNC（Virtual Network Computer，虚拟网络计算机）是一套由 AT&T 实验室开发的可操控远程计算机的软件。根据主控端与被控端的不同，VNC 软件可以分为两个部分，分别为 VNC Server 与 VNC Viewer。前者是安装在被控制端上，而后者被安装在主控端上。VNC 软件不仅是开源的，而且是跨平台的。有不少系统管理员喜欢在 Windows 平台上使用这个 VNC 来作为远程管理 Linux 服务器或者客户端的工具。

3. 网络设备的常见维护方式

网络设备可以采用 Telnet 协议和 SSH 协议进行远程管理，在网络设备如交换机的 Telnet 设置前，应当确认已经做好以下准备工作。

（1）在用于管理的计算机中安装有 TCP/IP 协议，并配置好了 IP 地址信息。

（2）在被管理的交换机上已经配置好 IP 地址信息。如果尚未配置 IP 地址信息，则必须通过 Console 端口进行设置。

（3）在被管理的交换机上建立了具有管理权限的用户账户。

在计算机上运行 Telnet 客户端程序（这个程序在 Windows 系统中与 UNIX、Linux 系统中都有，而且用法基本是兼容的，也可以采用专用的工具，如 PuTTY），登录至远程交换机。

4. 数据库的维护方式

对于数据库可以采用命令行进行维护，也可以使用专业客户端。采用命令行方式维护需要对数据库知识非常熟悉，对 SQL 语言也需要全面了解。不仅如此，如果数据库的访问量很大，列表中数据的读取就会相当困难。为了使数据库的维护简单，通常会使用工具。

5. 其他设备或系统的维护方式

其他设备或系统，如安全设备、业务系统等，除了底层维护外，一般的业务维护可使用 https 协议进行远程管理。

https 简单来讲是 http 的安全版，http 是超文本传输协议，信息是明文传输，https 则是具有安全性的 SSL 加密传输协议。http 和 https 使用的是不同的连接方式，用的端口也不一样，前者是 80，后者是 443。http 的连接很简单，是无状态的，https 协议是由 SSL+HTTP 协议构建的可进行加密传输、身份认证的网络协议，比 http 协议安全。

使用 https 的访问方式与人们日常的网络访问无异，即通过 IE 等浏览器进行设备访问。

1.2　设备日常检查

1.2.1　一般巡检

日常巡检是指定期地对系统进行检查，确认系统工作状态，排除可能的系统运行隐患。日常巡检通常会包含一般巡检和高级巡检。

一般巡检的检查周期间隔很短，通常为日检或周检，检查内容较少，能确保系统正常工作即可，管理上也比较简单，维护人员按照检查表依次对系统进行检查，检查结果留存归档即可。一般巡检通常对硬件和软件的基本情况进行检查，包括如下内容。

（1）硬件检查

硬件检查工作主要有防尘、防雷、防静电和检查设备各部件运行情况。

灰尘对于设备的危害是不容忽视的，不但会影响这些设备的正常散热，还很容易导致主板内部的工作电路发生短路现象，严重的能导致设备不断地重新启动，甚至毁坏。

设备很容易在高电压、高电流情况下造成接口电路损坏、保险烧坏、主芯片烧毁等。有时候雷击所造成的感应电压不足以一次击坏设备，但长年累月的过压冲击，很容易引起设备零件加速老化，使设备寿命急剧下降，严重影响网络的稳定性能。因此，日常检查时应检查设备外壳可靠接地，检查连接是否紧固、接触是否良好、接地体附近地面有无异常。

静电也很容易造成设备的硬件损坏。静电能产生极高的电压将晶体管击穿，产生的瞬间电流能将连线熔断。在秋冬季节应保持机房内空气的一定湿度，在对设备进行硬件的日常维护和巡检时，先戴上防静电手环。如果没有条件的话，可以先切断电源，并将手放在墙壁或水管上接触一会儿，放掉自身静电。

设备各部件的运行状态有两种方法可以进行观察，一种是观察设备面板上各指示灯的状态，另一种方法是登录设备的配置界面进行查看。

（2）软件检查

检查设备系统运行状态的工作内容一般包括查看电源工作状态、查看 CPU 使用率、查看内存使用率、查看风扇工作状态、查看接口状态、查看日志信息、查看配置文件。

1.2.2 高级巡检

高级巡检的检查间隔周期较长，通常为季度检查或半年检查，检查内容全面，除了要确保系统正常工作以外，还需要排除可能的隐患。管理上相对复杂，需要对检查表格进行提交和确认，需要制订专门的检查计划，安排专门的时间指定专人实施检查，提交巡检报告，并对检查出来问题进行集中整改。

高级巡检的一个典型的检查表，如表 1-1 所示。该表针对的检查对象为网络设备。

表 1-1　高级巡检检查表

高级巡检检查表		
检查项目	检查子项	结果描述
1. 系统信息	1.1 双主控热备份状态 设备双主控设备的主备板同步状态为实时备份，此时主备板处于同步状态	□完全通过 □部分通过 □未涉及
	1.2 单板状态 设备所有在位单板运行在稳定状态	□完全通过 □部分通过 □未涉及
	1.3 电源状态 电源模块运行在稳定状态	□完全通过 □部分通过 □未涉及
	1.4 风扇状态 设备所有风扇模块运行在正常状态	□完全通过 □部分通过 □未涉及

高级巡检检查表		
检查项目	检查子项	结果描述
1. 系统信息	1.5 温度状态 路由器设备单板运行温度保持在温度上下限之间	□完全通过 □部分通过 □未涉及
	1.6 CPU 利用率 路由器设备的 CPU 利用率在 80%以下	□完全通过 □部分通过 □未涉及
	1.7 内存率 路由器设备的内存利用率在 80%以下	□完全通过 □部分通过 □未涉及
	1.8 日志告警信息	□完全通过 □部分通过 □未涉及
	1.9 存储介质空间	□完全通过 □部分通过 □未涉及
2. 设备版本与基本配置	2.1 软件版本	□完全通过 □部分通过 □未涉及
	2.2 License 和 PAF 文件	□完全通过 □部分通过 □未涉及
	2.3 单板逻辑	□完全通过 □部分通过 □未涉及
	2.4 启动文件一致性 设备当前运行的软件版本与下一次启动软件版本一致	□完全通过 □部分通过 □未涉及
	2.5 配置文件一致性 要求设备当前运行的配置脚本文件和保存的配置脚本文件的内容完全一致	□完全通过 □部分通过 □未涉及
	2.6 Debug 开关 由于开启的调试信息耗费大量系统资源，要求设备关闭所有 Debug 开关	□完全通过 □部分通过 □未涉及
	2.7 系统名称	□完全通过 □部分通过 □未涉及
	2.8 系统时钟	□完全通过 □部分通过 □未涉及
	2.9 Telnet 登录安全性	□完全通过 □部分通过 □未涉及
	2.10 网络服务	□完全通过 □部分通过 □未涉及
	2.11 设备运行时间	□完全通过 □部分通过 □未涉及
	2.12 系统定义重启时间	□完全通过 □部分通过 □未涉及
3. 接口配置	3.1 接口描述	□完全通过 □部分通过 □未涉及
	3.2 接口输入方向流量检查	□完全通过 □部分通过 □未涉及
	3.3 接口输出方向流量检查	□完全通过 □部分通过 □未涉及
	3.4 三层接口状态	□完全通过 □部分通过 □未涉及
	3.5 Loopback 接口地址检查	□完全通过 □部分通过 □未涉及
4. MAC 地址表容量检查	4.1 MAC 地址容量检查	□完全通过 □部分通过 □未涉及
5. ARP 协议	5.1 ARP 协议状态	□完全通过 □部分通过 □未涉及
	5.2 ARP 刷新状态 路由器设备的动态 ARP 表项数量不超过 10.8KB（12KB×90%）个	□完全通过 □部分通过 □未涉及
	5.3 ARP 老化时间 路由器设备的 ARP 老化时间为 20 分钟	□完全通过 □部分通过 □未涉及

高级巡检检查表		
检查项目	检查子项	结果描述
6. STP 协议	6.1　STP 根桥保护	□完全通过　□部分通过　□未涉及
	6.2　STP 的 TC 保护	□完全通过　□部分通过　□未涉及
	6.3　STP 的环路保护	□完全通过　□部分通过　□未涉及
	6.4　STP 的边缘端口设置	□完全通过　□部分通过　□未涉及
7. VRRP 协议	7.1　VRRP 协议状态 VRRP 协议的接口在稳定时组状态为 Master、Slave 或 Backup	□完全通过　□部分通过　□未涉及
	7.2　VRRP 协议时间值	□完全通过　□部分通过　□未涉及
8. OSPF 协议	8.1　OSPF 的 Peer 状态	□完全通过　□部分通过　□未涉及
	8.2　OSPF 的错误统计 设备正常运行时不应该出现 OSPF 协议错误	□完全通过　□部分通过　□未涉及
	8.3　OSPF 虚连接的配置	□完全通过　□部分通过　□未涉及
9. ISIS 协议	9.1　ISIS System Id	□完全通过　□部分通过　□未涉及
	9.2　ISIS 邻居状态	□完全通过　□部分通过　□未涉及
	9.3　ISIS 引入外部路由	□完全通过　□部分通过　□未涉及
	9.4　ISIS Metric 类型	□完全通过　□部分通过　□未涉及
10. BGP 协议	10.1　BGP 邻居状态	□完全通过　□部分通过　□未涉及
	10.2　BGP 发布路由的合理性	□完全通过　□部分通过　□未涉及
	10.3　IBGP 邻居的优化	□完全通过　□部分通过　□未涉及
11. 路由汇总信息	11.1　路由汇总信息	□完全通过　□部分通过　□未涉及
12. BGP/MPLS VPN	12.1　MPLS LSR Id	□完全通过　□部分通过　□未涉及
	12.2　LDP 邻居状态	□完全通过　□部分通过　□未涉及
	12.3　BGP VPNv4 邻居状态	□完全通过　□部分通过　□未涉及
	12.4　VPN 实例路由汇总	□完全通过　□部分通过　□未涉及
	12.5　MPLS LSP 数目	□完全通过　□部分通过　□未涉及
13. NTP 协议	13.1　NTP 协议状态 基于服务的可用性，使能 NTP 客户端功能的设备，NTP 协议同步状态应该为 synchronized	□完全通过　□部分通过　□未涉及
14. SNMP 配置	14.1　网管团体名称规范性 建议不使用 public、private 等通用名称	□完全通过　□部分通过　□未涉及
	14.2　SNMP 版本一致性	□完全通过　□部分通过　□未涉及
	14.3　Trap 功能使能 在配置 SNMP 特性时，建议开启 Trap 功能	□完全通过　□部分通过　□未涉及
	14.4　Trap 安全性	□完全通过　□部分通过　□未涉及

当系统内所有设备都检查完毕后，需要提交高级巡检报告，高级巡检报告至少需要描述以下内容。

（1）巡检工作的基本信息，包括检查的时间、检查人员姓名、配合检查相关人员姓名等。

（2）系统基本信息，包括系统名称和系统包含的设备列表。

（3）检查总表，系统所包含设备的所有检查结果汇总。

（4）不符合情况汇总，将所有检查项目中未完全通过的项目进行汇总。

（5）整改建议，对未完全通过的项目提出整改建议。

1.3 应急处理

应急处理是指在系统运行过程中发生异常事件时，按照既定的程序对异常事件进行处理的一系列过程。应急处理一般包含应急处理准备阶段、事件检测与分析阶段、事件处理与取证阶段和事件记录与报告4个阶段。

1. 应急处理准备阶段

准备阶段的工作内容主要有两个，一是对信息系统进行初始化的快照，二是准备应急响应工具包。

对系统进行初始化的快照意义在于建立系统的基准。在系统建设后期，需要对系统实施一次基础配置，配置的结果意味着系统运行的基本状态已经被约定，后面对配置的未授权修改都有可能意味着异常事件的发生。建立快照的范围应该包括系统所涉及的所有系统组件，包括网络设备、主机、应用和数据库等。建立快照的过程如图1-1所示。

根据系统组成的情况，还需要准备各种应急处理的工具包，可能包括各种登录客户端、数据包截取和分析工具等。

2. 事件检测与分析阶段

事件检测与分析阶段的主要工作如下。

第一步，发现系统异常。发现系统异常可通过三种方法来实现：基于比较系统初始化快照的方法，建立核查机制，定期进行检查；通过集中监管平台进行实时监控；定期审计主机、数据库、应用系统相关操作日志记录。

第二步，发现异常情况后，形成安全事件报告。

第三步，组织专人查找安全事件的原因。

第四步，确定安全事件的原因、性质和影响范围。

第五步，确定安全事件的应急处理方案。应急处理方案应包含实施方案失败的应变和回退措施。

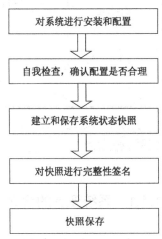

图1-1 建立快照流程图

3. 事件处理与取证阶段

事件处理与取证阶段的主要工作如下。

第一步，应急处理方案在获得授权的情况下，组织人员测试应急处理方案，明确方案是否会影响系统运行，影响程度是否可接受，如对系统的影响程度不可接受时返回检测和分析阶段，对应急处理方案进行修正。

第二步，实施应急处理方案，实施方案失败的情况下，采取应变和回退措施，并返回检测和分析阶段，对应急处理方案进行修正。

第三步，系统恢复，根据应急处理方案中所列明的系统变化，删除并恢复所有变化，让系统恢复到快照状态。根据事件的不同，必要时可能需要备份数据、低级格式化硬盘、重新配置和启动系统。

第四步，事件跟进，总结处理过程，调整系统配置策略，避免同类事件再次发生。

在特殊情况下，如果国家公务部门需要对事件进行进一步调查，则需要进行事件取证的工作。取证工作主要包括保全现场、保全系统和保全数据。保全现场主要指对系统进行拍照，包

括显示器和设备的后部，并保证电缆清晰可见；保全系统主要指采用直接关电源的方式关闭系统并移交给公务部门，其他关闭操作系统可能引发逻辑炸弹，摧毁证据，移送之前要封存加证据标签并注明；保全数据主要指从原始盘向取证盘直接复制数据。

4. 事件记录与报告

事件记录与报告阶段主要为将上述所有阶段的过程处理相关文件和数据予以记录并保存，同时按照企业的要求进行报告。

一般企业会根据事件的重要程度制定不同的报告流程，包括报告的时间要求、内容要求以及报告的方式。一个典型的事件报告如表 1-2 所示。

表 1-2　应急处理事件报告表

应急处理事件报告表		
级别：[ ]级	填报时间：　年　月　日　时　分	
事件简称：		填报人：
事件描述	业务系统：	
	事件发生时间：	事件处理时间：
	事件详细说明，包括业务影响程度：	
已采取的措施		
填报人联系方式		
电话：　　　　　传真：　　　　　邮件：		

1.4　系统变更

1.4.1　系统变更的含义

系统变更是指系统的各要素，如网络基础设施、系统的服务器及操作系统、数据库和应用软件等的变动和更改，包括设备增减、配置改变和软件系统升级等情况。

变更管理是指从变更请求的处理、变更的批准、变更的准备、变更的实施、变更实施后的确认或拒绝、恢复管理、 变更的控制和跟踪，到最终形成变更管理报告的一系列管理过程和活动。

变更管理是协调和控制 IT 基础设施自身变化的过程。变更请求报告可以来自突发事件管理、问题管理、服务等级管理、可用性管理、能力管理及客户等。对于所有的变更请求报告，变更管理者（即变更经理）首先要进行过滤，并根据优先级判断需要尽快处理的变更请求，对紧急的影响范围大的变更请求可以通过紧急变更手续处理。变更经理将变更请求报告交由变更咨询委员会（由可以向变更管理小组提供专家意见的人员组成）审核，根据变更咨询委员会批准的变更请求，由变更实施小组制订变更计划并予以构建和测试。变更经理协调变更实施及评估，并制订相应的回退计划，修改配置管理数据库，完成变更。

系统变更分为计划型变更和紧急变更。计划型变更是按照企业既定目标，在统一控制下实施的变更；紧急变更是为了改正生产环境下的某一个重要问题而必须立即实施的变更。

系统变更的内容很多，根据变更的对象不同，在实际处理中会有一些差异，下面以程序变更举例说明变更的常见过程。

1.4.2　计划程序变更

对于已经上线运行的各种系统软件，根据业务发展需要变更已有功能、新增功能，如果通过已有功能进行修改配置无法实现，需要通过增加或修改系统结构、软件源代码才能实现，并按软件开发规范要求可以提前做出开发计划且能满足时间进度要求，均纳入计划程序变更流程，按计划发布更新系统软件。

典型的计划程序变更流程如图 1-2 所示。

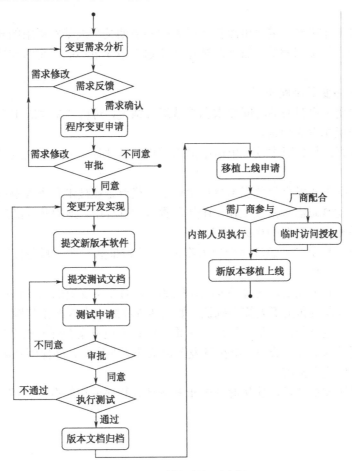

图 1-2　计划程序变更流程

（1）收集汇总对现有系统的变更需求，并分析需求变更的合理性，对程序变更需求进行初步确认。

（2）对系统及应用程序的变更提出申请，填写《程序变更申请》表单，根据变更影响程度，由企业管理层审批决定。《程序变更申请》应归档。

（3）程序需求变更获得批准后，由维护开发商进行程序变更需求的开发实现，企业技术人员管理监督开发过程，进行质量和过程检查。

（4）变更程序开发完成后，由维护开发方准备测试环境并提交功能说明文档、技术说明文

档及包含测试用例等文档，由企业技术人员和维护开发商共同在测试环境进行测试，并填写测试结果。测试如不通过，则由维护开发商根据测试结果进行程序的修改，并再次进行测试。

（5）通过测试后，提交程序变更移植上线申请，企业管理层审核通过或驳回。

（6）往生产环境进行程序的移植。移植完成后，负责移植的人员需要进行移植情况的检查。

在实际变更过程中，需要注意权限和过程实施安全控制，尤其是开发人员访问生产系统的权限配置及过程；还应注意所有相关文档和数据的留存，包括功能说明文档版本、技术说明文档版本、使用说明文档和代码。

1.4.3 紧急程序变更

当面对突发性需求处理、重大事故补救或为弥补前期某个或某些需求的缺陷、已上线版本的部分模块出现严重性能问题等，需立即进行且计划程序变更不能满足时间要求的，适用紧急程序变更流程。

典型的紧急程序变更流程如下。

（1）根据需求变更说明书的时间要求和系统运行情况，对符合紧急版本变更流程适用范围的需求，列入紧急版本发布申请。

（2）维护开发商在紧急版本发布申请中提出过程裁减建议，企业相关技术责任人对过程裁减建议给出意见。

（3）维护开发商正式提交紧急版本变更申请书，获得企业技术负责人书面审批，维护开发商现场维护人员启动紧急需求开发工作。在开发测试的过程中，维护开发商应保留必要的文档信息，以便日后补充完善必要的相关文档。

（4）维护开发商提交《紧急程序变更方案》，获得审批后，在《紧急程序变更方案》的指导下，执行版本上线操作。

（5）紧急版本发布上线后，安排必要的功能测试，对发生变更的功能进行验证，并形成测试文档，由相关测试人员和负责人签字确认。如上线程序版本出现严重问题且在短时间内无法解决，则执行版本回退操作，维护开发商人员重新制订变更方案并开发直至解决问题。

（6）紧急变更版本上线完成后，维护开发商应安排人员留守，确保因新版本上线引发的问题能够在最短的时间内得到解决。

紧急变更软件版本更新后，应按时间要求补齐计划程序变更的有关文档。

项目实施

1.5　了解运行维护

1.5.1　任务 1：运行维护工具安装与使用

信息系统的日常运行维护过程中涉及的运行维护常用工具的安装、配置、操作等内容，日常运行维护过程常用的工具有 PuTTY、VNC、RDP 等，信息系统运维管控人员必须学会这些工具软件的安装、配置和使用。

1. PuTTY 安装、配置和使用

PuTTY 是一个 Telnet、SSH、Rlogin、纯 TCP 及串行连线软件，它开放源代码，在各种远程登录工具中，PuTTY 是出色的工具之一，它全面支持 SSH1 和 SSH2，操作非常简单，所有的操作都在一个控制面板中实现。

（1）PuTTY 为绿色免安装软件，将 PuTTY 下载到本地工具包，双击后即可运行。PuTTY 可以从 http://www.putty.org 网站上面进行下载。

（2）运行 PuTTY 后，打开如图 1-3 所示的连接及配置界面。

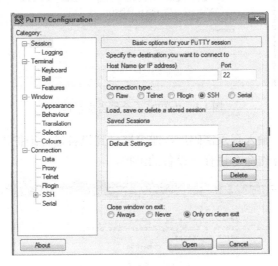

图 1-3　PuTTY 配置界面

（3）输入服务器的 IP 或主机名，选择好登录协议及协议的端口（根据实际情况修改连接端口），如果希望把这次的输入保存起来，就输入好会话保存的名称，单击"Save"按钮保存。最后单击下面的"Open"按钮，输入正确的用户名和口令，就可以登录服务器了，如图 1-4 所示。

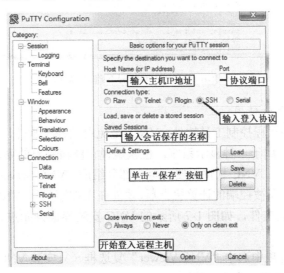

图 1-4　PuTTY 配置提示

（4）登录时会看到如图 1-5 所示的 PuTTY 安全警告提示框，这个提示框提醒用户登录的主机密钥指纹，单击"是"按钮保存起来，以后不会再弹出这个窗口，就可以正常登录了。

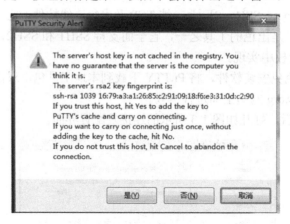

图 1-5　PuTTY 安全警告提示框

（5）成功登录主机，输入登录密码后，即可登录到设备进行维护操作，如图 1-6 所示，根据工作内容，选择相应操作命令进行该设备的维护。

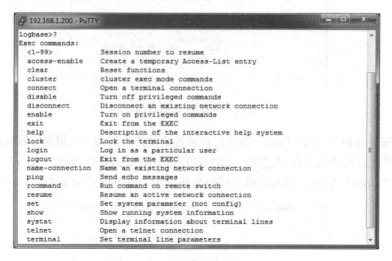

图 1-6　PuTTY 网络设备维护界面

2．VNC 安装、配置和使用

VNC 是一款优秀的远程控制工具软件，VNC 是免费的开源软件，远程控制能力强大，高效实用。VNC 基本上是属于一种显示系统，也就是说它能将完整的窗口界面通过网络，传输到另一台计算机的屏幕上。VNC 软件主要由两个部分组成：VNC Server 及 VNC Viewer。用户需先将 VNC Server 安装在被控端的计算机上后，才能在主控端执行 VNC Viewer 控制被控端。

（1）运行 VNC 安装文件，如图 1-7 所示的 VNC 安装界面开始进行安装，单击"Next"按钮。

（2）在 VNC 安装选项中选中"VNC Viewer"复选框（只安装 VNC 客户端），如图 1-8 所示，然后单击"Next"按钮，开始安装。

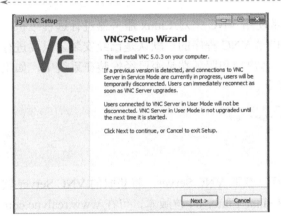

图 1-7　VNC 安装界面

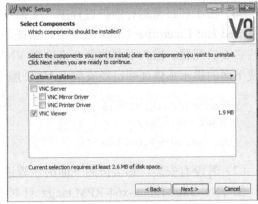

图 1-8　VNC 安装选项

（3）选择 VNC 程序安装路径，如图 1-9 所示，单击"Next"按钮继续。

（4）选择是否在桌面创建 VNC 快捷方式或者在快速启动栏创建快捷方式，如图 1-10 所示，通常情况下，会选择在桌面创建 VNC 快捷方式，然后单击"Next"按钮继续。

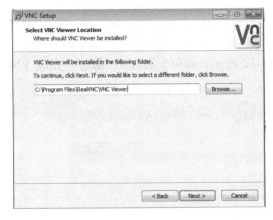

图 1-9　VNC 安装路径选择

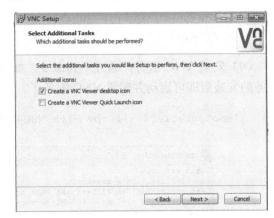

图 1-10　VNC 快捷使用方式选择

（5）完成 VNC 客户端安装，如图 1-11 所示。

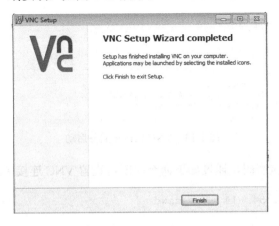

图 1-11　VNC 安装成功

（6）由于在日常运行维护过程中，人们经常使用 VNC 来对 Linux 服务器进行远程维护，而在 Red Hat Enterprise Linux 系统中，系统是自带 VNC 程序的，默认是已经安装，只要进行一些必要的配置。输入下面的命令来检查 VNC 客户端和服务端是否已经安装在系统中，如果出现下面的提示那就证明已经安装上 VNC 服务了。

```
[root@localhost ~]# rpm -q vnc vnc-server
vnc-4.0-11.el4
vnc-server-4.0-11.el4
```

（7）若没有安装，那么按照下面的步骤进行。获取 VNC Server，将获取的 VNC Server 软件（如 VNC-5.0.3-Linux-x64-RPM.tar.gz 针对 Redhat Linux 64 位版本，可在 www.realvnc.com 网站下载）上传到 Linux 服务器。

（8）解压安装包，输入下列命令即可解压该安装包：

```
[root@oracle54 ~]# tar -zxvf VNC-5.0.3-Linux-x64-RPM.tar.gz
```

解压完成后得到如下文件：

```
VNC-Server-5.0.3-Linux-x64.rpm
VNC-Viewer-5.0.3-Linux-x64.rpm
```

（9）安装 VNC 服务，通过下列命令，如图 1-12 所示，即可安装 VNC 服务，完成 VNC 服务的安装后即可启动并配置 VNC 服务了。

```
[root@oracle54 ~]# rpm -ivh VNC-Server-5.0.3-Linux-x64.rpm
```

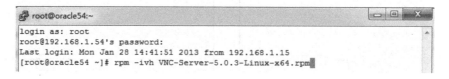

图 1-12　VNC 服务安装

（10）启动 VNC Server 服务，通过输入如下命令，即可启动 VNC 服务，如图 1-13 所示。

```
[root@oracle54 ~]# service vncserver start
```

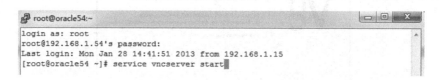

图 1-13　VNC Server 服务启动

（11）设置 VNC 连接密码，通过如下命令，即可设置 VNC 连接密码，如图 1-14 所示。

```
    [root@oracle54 ~]# vncpasswd
Password:
Verify:
```

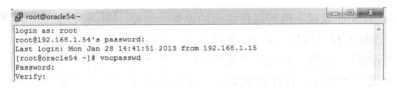

图 1-14　VNC 密码设置

（12）运行 VNC Viewer 软件，并输入 VNC 服务器的 IP 地址（如 192.168.1.54），然后单击"Connect"按钮进行连接，如图 1-15 所示。

（13）输入 VNC 连接密码，如图 1-16 所示，然后单击"OK"按钮进行连接。

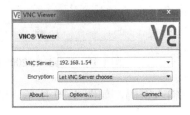

图 1-15　VNC 连接　　　　　　　　图 1-16　VNC 连接密码输入

（14）登录成功后，即可看到 Linux 系统维护界面，如图 1-17 所示，之后便可以对服务器进行远程维护了。

图 1-17　Linux 系统维护界面

3．RDP 配置和使用

RDP（Remote Desktop Protocol）称为远程桌面协议，它是一个多通道的协议，让用户（客户端或称"本地计算机"）连上提供服务器端。大部分的 Windows 都有客户端所需软件，其他操作系统也有这些客户端软件，如 Linux、FreeBSD、Mac OS X。服务端计算机方面，则监听送到 TCP3389 端口的数据。

（1）开启 Windows 服务器的 RDP 连接功能。

在 Windows 2008 计算机上进行远程桌面的设置，需要右击"计算机"图标选择"属性"命令，在打开的"系统"窗口单击"远程设置" 按钮，弹出的"系统属性"的"远程"选项窗口中选择"允许运行任意版本远程桌面的计算机连接"单选按钮，如图 1-18 所示，这样就开通了远程桌面功能。另外还需要进入"控制面板"→"用户账户和家庭安全"功能，给用来登录远程桌面的账户设置密码。

（2）打开客户端远程桌面连接。

选择"开始"→"所有程序"→"附件"→"远程桌面连接"命令（或者直接选择"开始"→"运行"命令，在弹出的对话框中输入"mstsc"命令），在打开"远程桌面"窗口输入远程计算机名或 IP 地址后单击"连接"按钮，如图 1-19 所示。

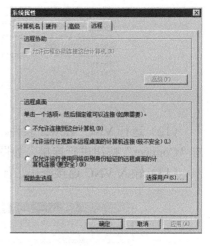

图 1-18　Windows 2008 系统属性

（3）这时会弹出"Windows 安全"对话框，需要输入密码，如图 1-20 所示，密码输入正确后，单击"确定"按钮即可建立远程桌面连接。

图 1-19　建立 RDP 连接

图 1-20　输入 Windows 登录验证密码

（4）登录成功后，即可看到 Windows 系统维护界面，如图 1-21 所示，这时便可以对服务器进行远程维护了。

图 1-21　Windows 系统维护界面

1.5.2 任务 2：设备日常检查

单位为了保证设备的正常运行，需要定期对 OA 服务器、业务服务器和交换机进行日常检查。设备日常检查是指在设备的正常运行过程中，为及时发现并消除设备所存在的缺陷或隐患，维持设备的健康水平，从而使系统能够长期安全、稳定、可靠地运行而对设备进行的定期检查与保养。为了提升设备的性能，减少各种意外事故的发生，确保设备能够长期安全、稳定、可靠地运行，并降低维护成本，运维人员应该掌握基本的系统维护及网络维护知识。

1. Windows 系统日常巡检

OA 服务器采用 Windows 2008 Server 操作系统，对 Windows 服务器进行巡检能够及时发现服务器的隐患，以便于改善和优化服务器的性能，观察服务器的运行状况，及时对设备进行调整，保证服务器的 24 小时不间断地工作，日常巡检内容主要包括设备指示灯检查、系统账户检查、查看系统进程、查看系统 CPU 及内存的使用率、查看系统磁盘管理和查看系统日志。

（1）进入机房，打开机柜，首先检查设备电源指示灯是否正常，观察液晶面板、电源指示灯、硬盘报警灯等的显示情况。

（2）通过客户端维护机，选择"开始"→"所有程序"→"附件"→"远程桌面连接"命令（或者直接选择"开始"→"运行"命令，在弹出的对话框中输入"mstsc"命令），在打开"远程桌面"窗口输入远程计算机名或 IP 地址后单击"连接"按钮，进行 Windows 系统，进入"服务器管理器"→"配置"→"本地用户和组"→"用户"功能，如图 1-22 所示，检查系统是否存在新增账号，Guest 账号的状态，并且利用 Administrator 账号、口令能够正常登录到系统。

图 1-22 Windows 管理员账号检查设置

（3）在 Windows 中的任务栏中，右击"启动任务管理器"，在任务管理器中单击"进程"标签，查看系统进程运行情况，检查有无异常进程，并记录内存占用前五个进程名，如图 1-23 所示。

（4）在任务管理器中单击"性能"标签，即可查看 CPU 及内存的使用率，如图 1-24 所示，记录此时的 CPU 及内存使用情况。

（5）在"服务器管理器"→"存储"→"磁盘管理"中查看系统的磁盘信息，如图 1-25 所示，并进行记录。

（6）在"服务器管理器"→"诊断"→"事件查看器"→"Windows 日志"中查看系统日志、安全日志等信息，如图 1-26 所示。

图 1-23　Windows 任务管理器

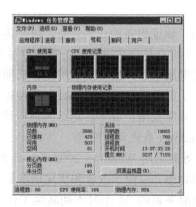

图 1-24　Windows 系统性能查看

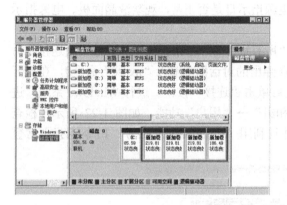

图 1-25　Windows 系统磁盘管理

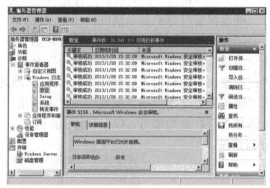

图 1-26　Windows 系统事件查看器

Windows 系统设备巡检内容，如表 1-3 所示。

表 1-3　Windows 系统设备巡检内容

检 查 项	检 查 操 作	参 考 标 准
设备指示灯检查	观察液晶面板、电源指示灯、硬盘报警灯等显示	液晶面板、电源指示灯、硬盘报警灯等显示情况正常
系统账户检查	是否存在新增账号、Guest 账号是否停用状态、利用 Administrator 账号、口令登录	不存在新增账号，Guest 账号为停用状态，Administrator 能够正常登录到系统
查看系统进程	单击"启动任务管理器"，查看系统进程运行情况，是否有异常进程	没有异常进程
查看系统 CPU 及内存的使用率	命令 taskmgr.exe 打开任务管理器，CPU、内存有无异常情况	CPU、内存无异常情况
查看系统磁盘管理	在磁盘管理可以查看磁盘分区与对应分区使用情况	磁盘未占满
查看系统日志	用事件查看器查看系统日志、应用日志、安全日志	无错误日志或错误日志不会影响系统的正常运行

在 Windows 日常巡检中，除了上述巡检内容，还可以新增加巡检的内容，例如：运行与服务器上应用是否可用；是否按照计划完成了备份；备份过程是否正常等。

2．Linux 系统日常巡检

单位业务服务器采用 Linux 操作系统，对 Linux 操作系统进行巡检能够及时发现服务器的隐患，以便于改善和优化服务器的性能，观察服务器的运行状况，及时对设备进行调整，保证服务器的 24 小时不间断地工作。日常巡检内容主要包括设备指示灯检查、系统账户检查、查看系统进程、查看系统 CPU 及内存的使用率、查看系统磁盘管理和查看系统日志。

（1）进入机房，打开机柜，首先检查设备电源指示灯是否正常，观察液晶面板、电源指示灯、硬盘报警灯等的显示情况。

（2）通过客户端维护机，利用 VNC 客户端软件连接 Linux 服务器，进入 Linux 系统，运行 "ps -ef" 命令，查看 Linux 系统进程，如图 1-27 所示，查看系统进程的运行情况，检查有无异常进程，并记录 PID 值最大的三个进程名。

图 1-27　查看 Linux 系统进程

（3）运行 "top" 命令，查看 CPU 及内存的利用率，并进行记录，如图 1-28 所示。

图 1-28　查看 Linux 系统 CPU 及内存的利用率

（4）运行 "uptime" 命令，查看系统的运行时长及平均负载，并进行记录，如图 1-29 所示。

图 1-29 查看 Linux 系统运行时长

（5）运行"cat /etc/passwd"命令，查看系统的用户信息，如图 1-30 所示。

（6）运行"df -h"命令，查看系统的磁盘信息，如图 1-31 所示。

图 1-30 查看 Linux 系统用户信息

图 1-31 查看 Linux 系统磁盘信息

Linux 系统设备巡检内容如表 1-4 所示。

表 1-4　Linux 系统设备巡检内容

检查项	检查操作	参考标准
设备指示灯检查	观察液晶面板、电源指示灯、硬盘报警灯等显示	液晶面板、电源指示灯、硬盘报警灯等显示情况正常
系统账户检查	是否存在异常账号信息、利用 root 账号、口令登录	无异常账号，root 账号能够正常登录到系统
查看系统运行时长	执行 uptime 命令	检查系统自上次开机到目前的运行时间
查看系统 CPU 及内存的使用率	执行 top –c 命令	CPU、内存使用率小于 80%
查看系统磁盘管理	执行 df -h 命令	磁盘未占满

3. 网络设备日常巡检

网络设备是公司业务系统运行的基础支撑平台，对网络设备进行巡检能够及时发现设备的隐患，以便于改善和优化网络设备的性能，观察网络设备的运行状况，及时对设备进行调整，保证网络设备的 24 小时不间断地工作。日常巡检内容主要包括设备指示灯检查、查看交换机版本信息及正常运行时间、查看交换机网络接口信息、查看交换机日志信息、查看交换机配置信息和查看交换机 CPU 的使用率。

（1）进入机房，打开机柜，首先检查网络设备电源指示灯是否正常，观察液晶面板、网卡指示灯等的显示情况。

（2）通过客户端维护机，利用 PuTTY 软件，连接到交换机，进入交换机系统，运行"show version"命令，查看设备信息，包括 IOS 版本、固件版本、正常运行时间等，如图 1-32 所示。

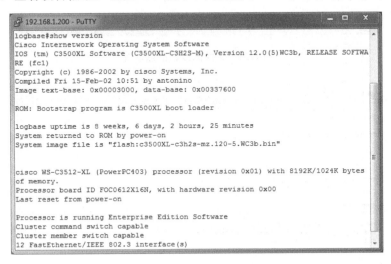

图 1-32　交换机基本信息查看

（3）运行"show interface"命令，查看系统的网络接口信息，如图 1-33 所示，并进行记录。

（4）运行"show logging"命令，查看交换机的日志信息，如图 1-34 所示。

（5）运行"show running-config"命令，查看系统配置文件，如图 1-35 所示。

```
192.168.1.200 - PuTTY                                                    _ □ X
logbase#show interface
VLAN1 is up, line protocol is up
  Hardware is CPU Interface, address is 0009.43c1.2000 (bia 0009.43c1.2000)
  Internet address is 192.168.1.200/24
  MTU 1500 bytes, BW 10000 Kbit, DLY 1000 usec,
     reliability 255/255, txload 1/255, rxload 1/255
  Encapsulation ARPA, loopback not set
  ARP type: ARPA, ARP Timeout 04:00:00
  Last input 00:00:00, output 00:00:00, output hang never
  Last clearing of "show interface" counters never
  Queueing strategy: fifo
  Output queue 0/40, 0 drops; input queue 0/75, 0 drops
  5 minute input rate 2000 bits/sec, 3 packets/sec
  5 minute output rate 1000 bits/sec, 2 packets/sec
     71948361 packets input, 74951972 bytes, 0 no buffer
     Received 71935718 broadcasts, 0 runts, 0 giants, 0 throttles
     0 input errors, 0 CRC, 0 frame, 0 overrun, 236525578 ignored
     0 input packets with dribble condition detected
     296065 packets output, 18308885 bytes, 0 underruns
     0 output errors, 0 collisions, 2 interface resets
     0 babbles, 0 late collision, 0 deferred
     0 lost carrier, 0 no carrier
     0 output buffer failures, 0 output buffers swapped out
--More--
```

图 1-33　交换机网络接口信息查看

```
192.168.1.200 - PuTTY                                                    _ □ X
logbase#show logging
Syslog logging: enabled (0 messages dropped, 54 flushes, 0 overruns)
  Console logging: level informational, 6285 messages logged
  Monitor logging: level debugging, 0 messages logged
  Buffer logging: level debugging, 3268 messages logged
  File logging: disabled
  Trap logging: level informational, 3272 message lines logged
     Logging to 192.168.18.242, 3272 message lines logged
     Logging to 192.168.18.230, 3272 message lines logged
     Logging to 192.168.18.195, 3272 message lines logged
     Logging to 192.168.1.30, 3272 message lines logged
     Logging to 192.168.1.28, 1787 message lines logged

Log Buffer (4096 bytes):
tate to up
*Apr 27 03:53:21: %LINEPROTO-5-UPDOWN: Line protocol on Interface FastEthernet0/
1, changed state to up
*Apr 27 04:10:06: %LINK-3-UPDOWN: Interface FastEthernet0/2, changed state to up
*Apr 27 04:10:07: %LINEPROTO-5-UPDOWN: Line protocol on Interface FastEthernet0/
2, changed state to up
*Apr 27 19:44:43: %SYS-5-CONFIG_I: Configured from console by vty0 (192.168.1.11
3)
*Apr 27 19:51:49: %SYS-5-CONFIG_I: Configured from console by vty0 (192.168.1.11
3)
```

图 1-34　交换机日志信息查看

```
192.168.1.200 - PuTTY                                                    _ □ X
logbase#show running-config
Building configuration...

Current configuration:
!
version 12.0
no service pad
service timestamps debug uptime
service timestamps log datetime localtime
no service password-encryption
!
hostname logbase
!
logging console informational
enable secret 5 $1$77c.$QA3NT2hamqcgSsqc6sYtz1
enable password bjsjs@123
!
username wang
!
!
!
!
ip subnet-zero
```

图 1-35　交换机配置文件查看

（6）运行“show processes cpu”命令，查看交换机 CPU 利用率情况检查，如图 1-36 所示。

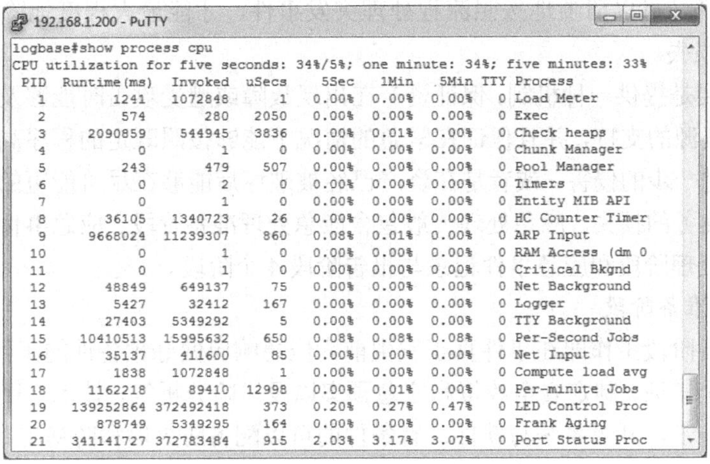

```
192.168.1.200 - PuTTY
logbase#show process cpu
CPU utilization for five seconds: 34%/5%; one minute: 34%; five minutes: 33%
 PID  Runtime(ms)   Invoked  uSecs    5Sec   1Min   5Min TTY Process
   1       1241   1072848      1   0.00%  0.00%  0.00%   0 Load Meter
   2        574       280   2050   0.00%  0.00%  0.00%   0 Exec
   3    2090859    544945   3836   0.00%  0.01%  0.00%   0 Check heaps
   4          0         1      0   0.00%  0.00%  0.00%   0 Chunk Manager
   5        243       479    507   0.00%  0.00%  0.00%   0 Pool Manager
   6          0         2      0   0.00%  0.00%  0.00%   0 Timers
   7          0         1      0   0.00%  0.00%  0.00%   0 Entity MIB API
   8      36105   1340723     26   0.00%  0.00%  0.00%   0 HC Counter Timer
   9    9668024  11239307    860   0.08%  0.01%  0.00%   0 ARP Input
  10          0         1      0   0.00%  0.00%  0.00%   0 RAM Access (dm 0
  11          0         1      0   0.00%  0.00%  0.00%   0 Critical Bkgnd
  12      48849    649137     75   0.00%  0.00%  0.00%   0 Net Background
  13       5427     32412    167   0.00%  0.00%  0.00%   0 Logger
  14      27403   5349292      5   0.00%  0.00%  0.00%   0 TTY Background
  15   10410513  15995632    650   0.08%  0.08%  0.08%   0 Per-Second Jobs
  16      35137    411600     85   0.00%  0.00%  0.00%   0 Net Input
  17       1838   1072848      1   0.00%  0.00%  0.00%   0 Compute load avg
  18    1162218     89410  12998   0.00%  0.01%  0.00%   0 Per-minute Jobs
  19  139252864 372492418    373   0.20%  0.27%  0.47%   0 LED Control Proc
  20     878749   5349295    164   0.00%  0.00%  0.00%   0 Frank Aging
  21  341141727 372783484    915   2.03%  3.17%  3.07%   0 Port Status Proc
```

图 1-36 交换机 CPU 利用率检查

网络设备巡检内容如表 1-5 所示。

表 1-5 网络设备巡检内容

检 查 项	检 查 操 作	参 考 标 准
设备指示灯检查	观察液晶面板、电源指示灯、网卡状态指示灯等显示	液晶面板、电源指示灯、网卡状态指示灯等显示情况正常
查看交换机版本信息、正常运行时间	执行 show version 命令	
查看交换机网络接口信息	执行 show interface 命令	接口运行正常，无过多的错误，广播及冲突包，显示工作的端口为 UP 状态；端口冲突、错误等非信息小于 1/10000。
查看交换机日志信息	执行 show logging 命令	日志中是否有大量重复的信息，如有，需立即分析并处理。
查看交换机配置文件	执行 show running-config 命令	查看当前配置信息和保存配置信息是否一致
查看交换机 CPU 使用率	执行 show processes cpu 命令	CPU 利用率平均值<50%；最大值<70%

1.5.3 任务 3：应急处理

某天单位的信息系统突然发生了故障，OA 系统页面无法打开，无法给业务人员提供正常服务，更为麻烦的是技术人员接到多个投诉电话后，一下乱了阵脚，依次检查故障原因。5 个小时后才终于把故障处理完成，OA 系统恢复了正常，但是造成了一定的损失，影响了单位员工正常办公。

虽然这次事件经过了 5 个小时解决，但是从解决的过程来看，反映出技术部门在处理突发事件的能力有很大欠缺，没有一个完整的突发事件处理流程，如果系统再出现更严重的事

件，那又会造成多大的损失？单位领导认为需要建立一套完整的事件应急响应处理流程，以后再发生此类事件，可以清晰地按照流程处理突发事件，才能最大程度地降低单位由于信息系统故障造成的损失。

应急响应主要是提供一种机制，保证资产在出现故障或遭受攻击时能够及时地取得专业人员、安全技术等资源的支持，并且保证在紧急的情况下能够按照既定的程序高效有序地开展工作，使业务免遭进一步的侵害，或者是在资产已经被破坏后能够在尽可能短的时间内迅速恢复业务系统，减小业务的损失。应急处理一般包含应急处理准备阶段、应急事件处理检测与分析阶段、应急事件处理阶段和应急事件记录与报告阶段 4 个阶段。

1. 应急处理准备阶段

应急处理准备阶段工作即在事件真正发生前为应急响应做好预备性的工作，准备阶段工作在管理上包括安全培训、制定安全政策和应急预案以及风险分析等，技术上则要增加系统安全性，如备份、打补丁，升级系统与软件，有条件的可以配备防火墙和防病毒系统等。

技术人员根据应急服务对象的需求准备处置网络安全事件的工具包，包括常用的系统程序、安全检测工具、安全防护工具等，同时要对主机系统和网络设备进行快照和备份，在系统安全策略配置完成后，要对系统做一次初始安全状态快照。这样，如果以后在出现事故后对该服务器做安全检测时，通过将初始化快照做的结果与检测阶段做的快照进行比较，就能够发现系统的改动或异常。应急处理准备阶段需要输出的《准备工具清单》，如表 1-6 所示。

表 1-6　准备工具清单

准备工具清单				
序号	工具名称	单位	数量	备注

———◎ 小贴士 ◎———

系统快照就是把系统某个状态下的各种数据记录下来，如同人照相一样，相片显示的是你那个时间的一个状态，系统快照就是系统的"照片"。

2. 应急事件处理检测与分析阶段

应急处理检测阶段工作即接到事故报警后，在服务对象的配合下，对异常的系统进行初步分析，确认其是否真正发生了信息安全事件，制定进一步的响应策略，并保留证据。应急响应负责人根据《事件初步报告表》的内容，初步分析事故的类型、严重程度等，以此来确定临时应急响应小组的实施人员的名单。应急服务实施人员通过对发生异常的系统进行初步分析，判断是否真正发生了安全事件，确定检测方案，然后根据方案进行实施，同时判断出信息安全事件类型。信息安全事件可以有以下 7 个基本分类。

（1）有害程序事件：蓄意制造、传播有害程序，或是因受到有害程序的影响而导致的信息安全事件。

（2）网络攻击事件：通过网络或其他技术手段，利用信息系统的配置缺陷、协议缺陷、程序缺陷或使用暴力攻击对信息系统实施攻击，并造成信息系统异常或对信息系统当前运行造成潜在危害的信息安全事件。

（3）信息破坏事件：通过网络或其他技术手段，造成信息系统中的信息被篡改、假冒、泄露、窃取等而导致的信息安全事件。

（4）信息内容安全事件：利用信息网络发布、传播危害国家安全、社会稳定和公共利益的内容的安全事件。

（5）设备设施故障：由于信息系统自身故障或外围保障设施故障而导致的信息安全事件，以及人为的使用非技术手段有意或无意地造成信息系统破坏而导致的信息安全事件。

（6）灾害性事件：由于不可抗力对信息系统造成物理破坏而导致的信息安全事件。

（7）其他信息安全事件：不能归为以上6个基本分类的信息安全事件。

同时评估突发信息安全事件的影响采用定量和/或定性的方法，对业务中断、系统死机、网络瘫痪数据丢失等突发信息安全事件造成的影响进行评估。应急事件处理检测与分析阶段需要输出的《事件初步报告表》和《事件处理检测与分析表》等报告，如表1-7和表1-8所示。

表1-7 事件初步报告表

事件初步报告表			
事件发生日期			
事件号			
报告人信息：			
姓名		电话	
部门		电子邮件	
地址			
事件详细描述			
事件描述	发生了什么		
	怎样发生的		
	为什么发生		
	受影响的组件		
	业务影响		
	任意已识别的脆弱点		
事件详细信息			
事件发生时间			
事件被记录的时间			
处理过程记录			
记录人			
备注：			

表 1-8　事件处理检测与分析报告

事件处理检测与分析表			
报告人信息：			
姓名		电话	
部门		电子邮件	
地址			
事件详细描述			
事件描述			
事件详细分析			
事件处理过程			
记录人			
备注：			

3. 应急事件处理阶段

应急事件处理与取证阶段工作即对事件进行抑制之后，通过对有关事件或行为的分析结果，找出事件根源，明确相应的补救措施并彻底清除。应急服务提供者应使用可信的工具进行安全事件的根除处理，不得使用受害系统已有的不可信的文件和工具，找出造成事件的原因，备份与造成事件的相关文件和数据。恢复安全事件所涉及的系统，并还原到正常状态，使业务能够正常进行，恢复工作应避免出现误操作导致数据的丢失。处理事件的效果的判定，主要有以下几方面。

（1）找出造成事件的原因，备份与造成事件的相关文件和数据；

（2）对系统中的文件进行清理，根除；

（3）使系统能够正常工作。

应急事件处理阶段需要输出的《应急事件处理表》，如表 1-9 所示。

表 1-9　应急事件处理表

应急事件处理表			
报告人信息：			
姓名		电话	
部门		电子邮件	
地址			
事件详细描述			
事件处理过程			
记录人			
备注：			

4. 应急事件记录与报告阶段

应急事件记录与报告通过以上各个阶段的记录表格，回顾安全事件处理的全过程，整理与事件相关的各种信息，进行总结，并尽可能地把所有信息记录到文档中。技术人员应及时检查安全事件处理记录是否齐全，是否具备可塑性，并对事件处理过程进行总结和分析；应急处理总结的具体工作包括但不限于以下几项。

（1）事件发生的现象总结；

（2）事件发生的原因分析；

（3）系统的损害程度评估；

（4）事件损失估计；

（5）采取的主要应对措施；

（6）相关的工具文档（如专项预案、方案等）归档。

应急服务提供者应提供完备的网络安全事件处理报告，报告模板如表 1-10 所示。

表1-10　应急事件处理报告

应急处理事件报告
报告事件：　　年　　月　　日　　时
单位名称：
报告人：
联系电话：
传真：
负责部门：
发生重大信息安全事件的网络与信息系统名称及用途：
信息系统是否经过经过安全评测：
重大信息安全事件的补充描述及最后判定的事故原因：
对本次重大信息安全事件的事后影响状况事件后果：
本次重大信息安全事件的主要处理过程与结果（必要时可附文字、图片等材料）：
针对此类事件应采取的保障网络与信息系统安全的措施和建议：
报告人签字：

1.5.4　任务4：系统变更

单位的 OA 系统正式投入运行已经三年了，由于业务发展需要，现有 OA 系统已经不能满足需求，OA 软件提供商经过一年多的开发和测试，在原有 OA 系统功能上增加了即时通信、财务系统融合等新功能，现在需要准备新 OA 系统上线。但是新系统在上线的时候，遇到了一系列问题，最后不得不停止使用新系统，仍然切换到旧系统运行。

面对出现的这些问题，如何看待开发的新系统，如何验证新系统的可行性，如何制订切实可行的新系统上线实施方案，如何才能最大程度地减小单位由于信息系统变更造成的影响呢？为了避免在系统变更中出现的这些问题，就需要了解规范的系统变更流程。

1. 变更需求分析、确认

单位现有一套 OA 系统，由于该系统功能比较简单，已经不能满足各个业务部门的无纸化办公需求，技术部门通过到各个业务部门进行调研，根据各个部门提出的新需求，技术部会同 OA 系统开发商进行需求确认，确保新的 OA 系统能满足用户实际需求。主要的功能需求如下

（1）人事办公功能。

（2）内部邮件功能。

（3）即时通信功能。

（4）财务系统融合功能。

2. 变更需求申请

OA 系统新功能需求确认后，技术部门起草变更需求表，根据变更影响程度，交由各个部门负责人及主管领导在变更需求申请表上签字批示后方可开始启动项目，同时要把变更申请表登记存档，其申请表如表1-11所示。

表 1-11　OA 系统升级变更申请表

变更申请人		申请日期	
原需求 内容描述			
变更内容描述			
变更的影响			
业务部门负责人意见			签字：
信息中心意见			签字：
公司负责人意见			签字：
备注			

3. 变更需求开发

OA 软件需求变更获得批准后，由 OA 软件开发商进行程序变更需求的开发实现，软件开发商根据用户及业务要求编写需求分析报告，在需求分析与设计过程中积极主动与用户单位各个业务部门进行沟通交流，将需求细化，明确界面及各个功能模块，开发人员会根据变更工作量，变更的优先级情况对变更实现的计划安排进行灵活处理。单位技术人员负责管理监督开发过程，实时对整个开发过程进行质量和过程检查。系统新功能开发报告模板如表 1-12 所示。

表 1-12　系统新功能开发报告模板

OA 系 统 开 发 报 告

开 发 单 位：＿＿＿＿＿＿＿＿

开发小组成员：＿＿＿＿＿＿＿＿＿＿

一、　OA 系统升级开发背景描述

二、　OA 系统开发目标

三、　OA 系统开发可行性分析

四、　OA 系统开发详细设计方案

4. 变更程序测试

变更程序开发完成后，由开发方准备测试环境并提交功能说明文档、技术说明等文档，由单位技术人员和开发商共同在测试环境进行测试，并填写测试结果。测试如不通过，则由开发商根据测试结果进行程序的修改，并再次进行测试。OA 系统测试报告模板如表 1-13 所示。

表 1-13　OA 系统测试报告模板

系统测试报告

说明：测试报告每个版本都要有，并且上下版本要衔接。

产品名称：

模块名称：

版本号：

测试人员：

测试时间：

测试工具：

测试环境：

测试结果分析：

总测试用例数	通过用例数	没有通过用例数
测试问题点汇总：		
问题点序号	问题点描述	问题严重程度

问题点分类说明：（重点说明测试了哪些内容，发现了哪些类型的问题）

结论：

□　合格　　　　　□不合格　　　　　□　特批

批准：　　　　　审核：　　　　　编写：

5. 变更程序验收、移植

通过测试后，提交程序变更移植上线申请，企业管理层进行审核。软件验收测试表如表 1-14 所示。

表 1-14　软件验收测试表

验收报告	需求部门			
	系统名称			
	系统名称英文缩写		系统版本	
任务完成情况栏　*由技术部根据任务完成实际情况填写*				

续表

任务名称			
实际开始时间		实际完成时间	
【任务完成情况】：*由信息中心简要概述任务完成情况*			
业务部门接受人签字： 日　期：_____		信息中心提交人签字： 日　期：	
需求部门 验收人员	角色/职责	信息中心 协助人员	角色/职责

学中反思

1．在获取运行维护工具时，要考虑工具获取途径的合法性，请思考如何确保工具获取的合法性？

2．高级巡检和一般巡检的工作有哪些差异？

3．应急处理准备阶段是应急处理中非常重要的一个环节，是快速解决问题和完成应急处理流程的基础，请以单位的业务服务器和OA服务器为例，说明在应急处理准备阶段的主要工作内容？

4．简要说明系统计划型变更和紧急变更的差异？

实践训练

1．参考上述运行维护工具的介绍，再列出1～2种运行维护工具，并简单介绍该工具的安装、配置和使用。

2．根据单位业务服务器和OA服务器的运行情况，参考相关知识介绍及巡检流程，选择一个熟悉的企业分别对其业务服务器和OA服务器做一次高级巡检，并提交高级巡检报告。

3．请以单位业务服务器发生故障为例，模拟一个应急处理流程，填写《应急处理事件报告表》。

4．单位要对业务系统出现的漏洞进行升级，请按照系统变更中的紧急变更流程，提出系统变更并填写系统变更申请。

运行维护设备安全管控

知识目标

- 理解设备分类的方法
- 理解设备表单的用途
- 理解新购设备的完整过程及新购过程中的安全控制手段
- 掌握设备分级的意义及常用的设备分级方法
- 掌握设备的通用安全配置要求
- 了解设备安全防护的主要内容

技能目标

- 掌握一种常见的设备分类方法，对单位现有设备进行分类，并建立符合单位现有情况的设备总表
- 理解新购设备的完整过程，对新购设备进行管理生成相关表格，完成一次新购设备的安装验收过程
- 掌握一种简单的设备分级方法，对单位现有设备进行分级

项目描述

单位安排下属各部门对各自的设备进行了一次盘点，结果情况有点混乱，例如行政部提交的数据显示业务部领用了 10 台 PC，但是业务部提交的数据显示该部门只有 8 台 PC，由于之前都是各部门自行管理本部门的设备信息，导致无法找出问题所在。单位领导认为需要对所有设备进行一次全面盘点，并通过有效的方式避免再次出现类似情况。

在运维过程中，对设备进行安全管控的主要方法是建立设备总表，加强对新购设备的管理，实施严格的设备分级制度，以及进行设备安全配置。

相关知识

2.1 建立设备总表

2.1.1 建立设备表单的意义

建立设备表单，其目的是便于清晰地识别所有设备资产，编制并维护所有重要设备的清单，方便对设备进行管理。设备表单管理有助于进行有效的资产保护。编制设备清单是进行安全管控的一个重要的先决条件。

1. 设备分类的意义

设备通常包含很多基本属性，包括设备名称、责任人、所属部门、所属信息系统、设备类型、配置信息、版本信息等。设备分类管理是指提取主要属性，依次对设备进行划分管理的过程。设备分类管理是单位执行设备管理的基础，根据设备的不同类别可制定不同类别的管理措施和维护保养计划，提高管理的针对性和效率。

2. 设备分类的方法

对设备进行分类通常有两种方法：一种是从管理角度进行分类，另一种是从技术角度进行分类。管理角度的分类主要是从单位整体出发，明确设备责任的一个过程。技术角度的分类则是从技术管理的角度出发，按照设备技术类型进行分类，如将设备分为网络设备、主机设备等。

下面分别对其实现过程进行探讨。

（1）从管理角度进行分类的实现过程

下面以一个典型的场景为例。

"某单位下设一个业务部门，负责两个业务的经营，每个业务都有配套的管理信息系统。该部门将两个业务分解到两个不同的科室，每个科室负责一个业务。管理信息系统的维护均由单位的信息中心维护，信息中心指定了两个技术人员作为与业务部门的接口人员，分别接口两个管理信息系统的维护工作。具体的维护工作，如硬件维护、软件升级和数据库优化等，则在接口人员的协调下，由对应的专门的技术人员负责。

在以上的场景中，单位将设备分配到了业务部门，设备发生任何问题，首先要找的是该业务部门的负责人，因此分类的首要属性是"设备所属部门"。然后业务部门将设备分配给了科室，同理，分类的次要属性是"设备所属科室"。接着科室会安排相关人员作为管理信息系统的责任人，这样分类的第三属性是"设备责任人"。业务部门的科室只负责管理信息系统的管理和业务操作，而信息中心指定了技术人员作为该系统运行维护的接口人，在这种情况下，分类的第四属性是"运维负责人/接口人"。信息中心根据自己的管理模式会指定具体的运维人员实施维护，因此，分类的第五属性是"运维工程师"。

通过以上层级分类的过程，设备的管理责任得到了明确的落实。

（2）从技术角度进行分类的实现过程

技术层面的分类一般将"所属信息系统"作为首要属性实施分类。这是考虑到运行维护工

作的实质是满足业务的要求。不用业务有不同的要求，如数据的保密要求、持续运行时间的要求等，不同的业务要求对应不同的运行维护工作要求和内容。

后续的属性划分通常依次是设备类型、设备信息（包括采用的操作系统、安装的软件等），以及设备的相关厂商、后台支持人员联系方式等。

2.1.2 表单的安全管理措施

建立设备表单之后，要考虑设备表单的机密性、完整性和可用性。

机密性的含义是保证数据只能被授权的人获取，主要是指在使用表单的过程中需根据使用的目的提供表单对应的数据，不应当将完整的设备总表随意传播。随意传播可能带来的明显危害是，若有人恶意获取设备信息，能够对设备进行针对性攻击，提高了恶意人员攻击的成功率。比如恶意人员了解到业务系统的操作系统版本后，可以针对性地对该版本的漏洞进行攻击。

完整性的含义是保证表单数据的准确。常用的措施是对设备的流转进行控制，确保每一次流转均留下记录。要及时更新表单信息，在每一次设备变化后均应更新设备总表。另外，定期对设备进行盘点也是一个有效的方法。完整性的另一个含义是表单数据不被恶意篡改。这需要对表单数据的变化进行控制，如表单的变化指定专人负责，同时定义表单的版本，每次数据的变化进行相应记录，并且及时变更表单的版本信息等。

可用性的含义是需要表单的时候，表单是可以被提供的。主要指对表单文件自身进行管理，避免表单文件受损无法使用，通常的做法是建立表单的备份文件。

2.2 新购设备管理

2.2.1 新购设备的完整过程

新购设备的完整过程包括业务系统规划、业务系统需求分析、业务系统方案设计、业务系统招投标、业务系统采购和业务系统安装验收，安装验收后进入业务系统维护阶段。

业务系统规划主要指的是从单位发展和支持现有工作事务的角度出发，明确是否需要该业务系统。

业务系统需求分析主要指业务系统要支持完成的具体工作事务有哪些，定义出业务系统的业务目标、功能目标、性能目标及安全性目标。

业务系统方案设计主要指根据需求分析的各项目标，设计出符合目标的系统设计方案，包括具体的功能点，性能要求和安全保障要求。

业务系统招投标主要指以业务系统方案为主要依据，配套其他商务条款，面向社会专业厂商进行公开或者定向的招标。专业厂商根据招标文件进行技术方案及商务条件设计，设计完成后投标。单位通过一定评分规则评选后，确定中标厂商。

业务系统采购则是商务过程，根据商务条款支付货款，收取货物。

业务系统安装验收则是设备上线使用的过程。

2.2.2　新购设备过程中的安全控制点

业务系统需求分析和方案设计阶段要充分考虑系统的自身安全性保障。一般性要求如下：

（1）系统需要保证访问过程中数据的安全性，如 B/S 系统尽量采用 https 方式，C/S 系统需要有数据传输加密机制。

（2）系统内的用户密码需要加密存储。

（3）系统需要设计日志模块，记录关键操作。

（4）系统需要有良好的授权功能设计，能够按照单位要求进行授权使用。

（5）系统需要有良好的访问控制审计，限制用户的访问，对安全性要求很高的系统必须支持强认证技术。

（6）系统性能设计应保障系统的可用性。

（7）系统的数据应有安全保护措施。

业务系统招投标过程的安全控制主要指参与评标的人员应当全面，保证评标的结果可靠。业务系统安装验收的安全控制要注意如下几个方面。

（1）约束厂商在安装验收阶段的行为。

（2）每个细分阶段均要进行确认。

（3）可能会影响其他业务系统的安装验收要有系统回退应急方案，对安全性要求很高的系统可能需要先做演练，演练成功后才能正式安装。

2.3　识别设备重要程度

2.3.1　设备分级的意义

在设备管理中提出分级管理的方法，可防止设备管理中"眉毛胡子一把抓"或"捡了芝麻丢了西瓜"的现象，既能抓住主要矛盾，分清主次，突出重点，又能兼顾一般，使有限的设备发挥最大的经济效益，降低运作成本，提高竞争力。

准确地统计企业设备的数量并进行科学的分级，是进行管理、维护、技术数据统计分析的一项基础工作。

2.3.2　ABC 设备分级法

ABC 设备分级法又称为主次因素分析法，它是从帕累托曲线转化而来的。它是根据事物之间"关键的少数和次要的多数"的关系，对错综复杂的现象进行分类，从中找出最关键的少数（A 类）和次要的多数（B 类和 C 类）从而把主要精力集中于关键的少数，以达到事半功倍的效果。将 ABC 分析法运用到设备管理中，就是把品质繁多的设备，按照一定的标准进行分类排队，然后针对不同类别的设备，分别采用不同的管理方法，提高效率。

ABC 分级法根据设备在生产上的重要程度，可将设备分为关键设备（A 类）、主要设备（B 类）和一般设备（C 类）。其中 A 类设备是企业的心脏设备，一旦出现故障，将引起服务中断，

对人员、生产系统或其他重要设备的安全构成严重威胁的设备。B 类设备是企业主要生产设备，是指该设备损坏或自身和备用设备均失去作用的情况下，会直接导致服务的可用性、安全性等降低的设备。C 类设备属于结构比较简单，损坏后影响不大的设备。

设备分级后，根据设备不同的级别采取相应的维修管理办法，如 A 类设备实行计划性维修管理，B 类设备实行预知性维修管理，C 类设备实行故障性维修管理。

计划性维修即根据设备的使用情况、检修情况，制定设备的维修周期，并按照维修计划时间进行维修。预知性维修是根据日常的检查和监测，对设备出现自检报警、监测异常等情况判断设备的故障，并组织检查维修。故障性维修是在设备出现了检修预知信号后，加强对设备的监护，待设备达到检修的要求后，实施检修。

每台设备的管理分类和管理模式的确定，是便于明确管理策略和管理责任的一种相对合理的方法。实际工作中，往往还需要根据设备的技术状态（如故障频率）、维修的经济性原则和各种具体的情况，对已经确定的设备管理模式及其责任人进行优化和调整，设备的管理分类调整后，其维修方式和管理责任相应进行调整。

2.3.3 CIA 设备分级法

CIA 分级法从信息安全风险管理的角度来对设备进行分级。

设备分别具有不同的安全属性，机密性（Confidentiality）、完整性（Integrality）和可用性（Availability）。CIA 三个属性分别反映了设备在三个不同方面的特性。通过考察三种不同安全属性，对设备的这三个安全属性分别赋予价值，进行综合计算后，就可以得出综合评估得分，这个综合评估得分被认为是设备的价值，由价值来反映设备相对于单位的重要程度，根据重要程度对设备实施分级管理。

机密性的定义是确保只有经过授权的人才能访问信息。机密性的赋值指的是设备在机密性方面的价值或者在机密性方面受到损失时对整个信息系统或者单位的影响。典型的赋值标准如表 2-1 所示，该表中根据设备机密性属性的不同，将它分为 5 个不同的等级。

表 2-1 机密性赋值表

赋　值	标　识	定　义
5	绝密(Secret)	是指组织最重要的机密，关系组织未来发展的前途命运，对组织根本利益有着决定性影响，如果泄露会造成灾难性的影响
4	机密(Confidential)	是指包含组织的重要秘密，其泄露会使组织的安全和利益遭受严重损害
3	秘密(Private)	是指包含组织一般性秘密，其泄露会使组织的安全和利益受到损害
2	内部公开(Internal Public)	是指仅在组织内部或在组织某一部门内部公开，向外扩散有可能对组织的利益造成损害
1	公开(Public)	对社会公开的设备，公用的信息处理设备和系统资源等

完整性的定义是保护信息和信息的处理方法准确而完整。完整性的赋值指的是设备在完整性方面的价值或者在完整性方面受到损失时对整个信息系统或者单位的影响。典型的赋值标准如表 2-2 所示，该表中根据设备完整性属性的不同，将它分为 5 个不同的等级。

表 2-2 完整性赋值表

赋 值	标 识	定 义
5	非常高（Very High）	完整性价值非常关键，未经授权的修改或破坏会对评估体系造成重大的或无法接受、特别不愿接受的影响，对业务冲击重大，并可能造成严重的业务中断，难以弥补
4	高（High）	完整性价值较高，未经授权的修改或破坏会对评估体系造成重大影响，对业务冲击严重，比较难以弥补
3	中等（Medium）	完整性价值中等，未经授权的修改或破坏会对评估体系造成影响，对业务冲击明显，但可以弥补
2	低（Low）	完整性价值较低，未经授权的修改或破坏会对评估体系造成轻微影响，可以忍受，对业务冲击轻微，容易弥补
1	可忽略（Negligible）	完整性价值非常低，未经授权的修改或破坏会对评估体系造成的影响可以忽略，对业务冲击可以忽略

可用性的定义是确保经过授权的用户在需要时可以访问设备并使用设备。可用性的赋值指的是设备在可用性方面的价值或者在可用性方面受到损失时对整个信息系统或者单位的影响。典型的赋值标准如表 2-3 所示，该表中根据设备可用性属性的不同，将它分为 5 个不同的等级。

表 2-3 可用性赋值表

赋 值	标 识	定 义
5	非常高(Very High)	可用性价值非常关键，合法使用者对信息系统及资源的可用度达到年度 99.9%以上
4	高(High)	可用性价值较高，合法使用者对信息系统及资源的可用度达到每天 99%以上
3	中等(Medium)	可用性价值中等，合法使用者对信息系统及资源的可用度在正常上班时间达到 90%以上
2	低(Low)	可用性价值较低，合法使用者对信息系统及资源的可用度在正常上班时间达到 25%以上
1	可忽略(Negligible)	可用性价值或潜在影响可以忽略，完整性价值较低，合法使用者对信息系统及资源的可用度在正常上班时间低于 25%

CIA 三个属性均进行赋值后，要根据这三个数值对设备价值进行计算。计算的方法可以有很多中，如三个数值的累加、相乘、矩阵都可以采用。

采用 CIA 分级法的时候，有以下两种情况需要考虑。

第一种是在不同的行业中，因为业务、职能和行业背景千差万别，信息安全的目标和安全保障的要求也截然不同，如电信运营商最关注可用性、金融行业最关注完整性、政府涉密部门最关注机密性，这时信息安全的三个属性值的关注程度已经完全不同，而且相差会很大。如果还是简单地认为三个属性同等重要，那么设备分级结果就不能正确地反映不同行业的特性，那么这种设备分级法就不适合这些行业。

第二种是在一个较大规模的单位中，会有很多信息系统，评估人员往往能够确定具体设备对某个具体业务的影响，但是直接评价出相对于单位整体级别而言的 CIA 的数值较为困难。

为了解决这些问题，CIA 分级法在具体应用中引入权值的概念。

针对第一种情况认为对不同的设备，信息安全的三个属性具有不同的地位和价值，进行设备价值计算时对三个属性引入不同的权值，采用带有权值的公式来计算设备价值。

针对第二种情况认为对于不同的信息系统有不同的地位和价值，进行设备价值计算时对计算结果多引入一次设备所属信息系统的权值。

2.4 设备安全配置

2.4.1 安全基线的含义

信息系统的标准安全配置一般称为信息系统的"安全基线"。安全基线是一个信息系统的最小安全保证，即该信息系统最基本需要满足的安全要求。信息系统安全往往需要在安全付出成本与所能够承受的安全风险之间进行平衡，而安全基线正是这个平衡的合理的分界线。不满足系统最基本的安全需求，也就无法承受由此带来的安全风险，而非基本安全需求的满足同样会带来超额安全成本的付出，所以以构造信息系统安全基线已经成为系统安全工程的首要步骤，同时也是解决信息系统安全性问题的先决条件。

为设备设定安全基线是安全运行维护的基础，安全基线使得信息系统处于一个基本的安全状态之下。

1. IT 设备与系统安全基线实施原则

IT 设备与系统安全基线实施原则主要包括如下几点。

（1）统一执行原则：IT 设备安全基线为 IT 设备与系统基本安全要求，所有 IT 设备必须实施与执行。

（2）服务最小化原则：IT 设备提供的各种服务必须依据业务需求进行启用，与业务需求无关的服务必须关闭，特殊情况，必须申请例外配置，并获得安全管理人员批准，并明确安全责任。

（3）"遵从性"原则：国家相关法律法规、行业相关技术规范，须遵照执行。

2. IT 设备与系统安全基线的通用基本内容

IT 设备与系统安全基线的通用基本内容主要包括如下。

（1）账号管理：各主机、数据库、网络设备、安全设备等账号安全配置；

（2）口令管理：各主机、数据库、网络设备、安全设备等口令安全配置；

（3）远程管理：各主机、数据库、网络设备、安全设备等远程管理协议、端口，以及维护策略安全配置；

（4）补丁管理：各主机、数据库、网络设备、安全设备等补丁安全配置；

（5）病毒木马：各主机、数据库、网络设备、安全设备防病毒配置情况；

（6）日志审计：各 IT 设备与系统日志配置、收集、审计等；

（7）安全配置：各 IT 设备与系统安全增加配置；

（8）其他：远程接入、终端接入的管理制度、审批流程，以及远程接入的权限控制策略。

2.4.2 安全基线的管理过程

IT 设备与系统安全基线管理过程包括安全基线的建立、测试、评审、发布、实施、检查、改进。

（1）IT 设备与系统安全基线的建立、测试、评审和发布

根据"谁主管，谁负责；谁运营，谁负责；谁使用，谁负责"原则，安排负责人负责制订和更新 IT 设备和系统的安全基线规范，由各 IT 设备和系统责任人组织相关第三方等进行测试与确认，经过领导的审批后方可正式发布。

各设备与系统平台，须根据业务安全要求制订符合设备自身的安全基线配置标准，以此作为基准，应用到同类型设备中，如 Windows 系统基线配置标准、数据库系统基线配置标准等。内部员工和对口第三方合作伙伴人员在日常工作中确保责任范围内的 IT 设备和系统遵循符合该基线标准要求，对未达到基线要求的 IT 设备和系统进行补丁升级、加固等安全整改操作。

IT 设备与系统安全基线在建立的过程中应进行测试，测试需要在测试环境下进行，测试通过后，安全管理人员组织安全基线规范的适用性评审会议，参加人员通常包括第三方合作伙伴、相关部门 IT 设备和系统资产责任人，必要时可包含业务部人员、专业安全外联单位、相关部门经理等人员。

信息安全管理人员将评审会议结果提交技术部门与业务部门审核，各部门经理就安全基线规范在本部门范围内的适用性给出审核意见。信息安全管理人员将评审会议结果和各部门经理意见提交单位分管领导，分管领导对安全基线规范进行最终审批。安全基线规范获得分管领导审批通过后，由信息安全管理人员集中统一管理和对外发布，以确保相关人员能及时获得最新版本和正确版本。

（2）IT 设备与系统安全基线实施

IT 设备与系统安全基线实施包括各种 IT 设备与系统（服务器、数据库、网络设备、安全设备、Web 等系统），均须进行安全基线配置实施。新设备上线运行之前必须进行安全基线配置，未经过安全基线配置的设备，禁止接入生产环境。运行设备与系统的安全基线配置与调整，须进行申请，在获取相关安全管理人员、本部门经理批准后才可执行，并且对申请记录进行归档。安全基线配置之前，需制订基线配置回退方案，并对设备配置数据、关键信息进行备份，设备安全基线配置后，需重新启动设备，并确认设备服务正常。

为防止基线实施对业务造成影响，应在业务开展之前就进行基线实施，如果是在运行过程中实施基线，应注意备份，发生意外时回退。

（3）IT 设备与系统安全基线检查

IT 设备与系统安全基线检查为信息安全管理人员定期或不定期对 IT 设备与系统的安全基线配置情况进行检查，并针对发现不符合基线配置要求的设备与系统提出整改建议。

信息安全审计员定期或不定期对 IT 设备安全基线配置进行审计，将审计结果形成报告提交所属部门经理。检查审计内容包括主要的 IT 设备和系统是否均已经建立相应的安全基线规范，主要 IT 设备和系统的安全基线规范最近一年内是否定期进行了更新，目前在用的主流 IT 设备和系统的安全基线规范是否均能提供相应的测试报告以证明其适用性等。

（4）IT 设备与系统安全基线改进

IT 设备与系统安全基线改进为信息与业务部门根据业务安全需求变化、IT 安全发展变化定期或不定期对安全基线管理办法及各设备基线配置规范进行更新，并重新发布。信息与业务部门根据 IT 设备安全基线执行的反馈意见，进行综合分析，适当对 IT 设备安全基线配置规范内容进行调整和更新，并重新发布。当信息与业务部门发生重大信息安全事件或引入新技术时，需对 IT 设备与系统安全配置规范重新评估，并进行改进。

在上述 IT 设备与系统安全基线的管理过程中，还应建立例外流程。

IT 设备与系统安全基线配置例外流程指资产责任人因特殊原因，不能对所维护的 IT 设备与系统进行安全基线配置时，须针对该项配置提出例外申请，并向申请提交到信息安全管理人员。信息安全管理人员接收到资产责任人提出的例外申请，针对申请中不执行基线配置的内容进行风险分析，并描述不执行基线配置可能存在的风险。最终业务和安全相关负责人根据业务要求和安全风险决定是否批准基线不实施项。如批准该基线配置项不实施，资产责任人需对该配置项提供应对措施进行维护。

2.4.3　系统的安全基线配置要求

1. Windows 系统的安全基线配置要求

全面的 Windows 系统的安全基线配置要求包括账号管理安全配置、认证授权管理安全配置、日志安全配置和系统其他安全配置项。

账户管理和认证授权安全配置包括管理默认账户、口令复杂度配置、口令历史配置、账户锁定策略配置、远程关机权限分配、本地关机权限分配等。

日志安全配置包括开启审核登录、审核对象更改、审核对象访问、审核事件目录服务器访问、审核账户管理和审核系统事件等。

其他安全配置项包括关闭默认共享和关闭 Windows 自动播放等。

2. Linux 系统的安全基线配置要求

全面的 Linux 系统的安全基线配置要求包括账号管理安全配置、认证授权安全配置、日志审计安全配置和系统文件安全配置。

账号管理安全配置包括用户口令配置、root 用户远程登录限制配置、root 用户环境安全配置、远程连接的安全配置、重要目录和文件的权限配置和检查任何人都有写权限的目录等。

日志审计安全配置要求为 Syslog 登录事件配置。

系统文件安全配置要求为操作系统 Linux core dump 状态检查等。

2.5　设备安全防护

设备可能会受到环境因素（如火灾、雷击）、未授权访问、供电异常、设备故障等方面的威胁，使组织面临资产损失、损坏、敏感信息泄露或商业活动中断的风险。因此，设备安全应考虑设备安置、供电、电缆、设备维护、办公场所外的设备及设备处置与再利用方面的安全控制。设备安全主要包括计算机设备的防盗、防毁、防电磁泄露发射、抗电磁干扰及电源保护等。

2.5.1　防盗和防毁

计算机系统或设备被盗所造成的损失可能远远超过计算机设备本身的价值。因此，防盗、防毁是计算机防护的一项重要内容。应妥善安置及保护设备，以降低来自未经授权的访问及环境威胁所造成的风险。

设备的安置与保护可以考虑以下原则。

（1）设备的布置应有利于减少对工作区的不必要的访问。

（2）敏感数据的信息处理与存储设施应当妥善放置，降低在使用期间内对其缺乏监督的风险。

（3）要求特别保护的项目与存储设施应当妥善放置，降低在使用期间内对其缺乏监督的风险；要求特别保护的项目应与其他设备进行隔离，以降低所需保护的等级。

（4）采取措施，尽量降低盗窃、火灾等环境威胁所产生的潜在的风险。

（5）考虑实施"禁止在信息处理设施附近饮食、饮水和吸烟"等。

防盗、防毁主要措施如下。

（1）设置报警器：在机房周围空间放置侵入报警器。侵入报警的形式主要有光电、微波、红外线和超声波。

（2）锁定装置：在计算机设备中，特别是个人计算机中设置锁定装置，以防犯罪盗窃。

（3）计算机保险在计算机系统受到侵犯后，可以得到损失的经济补偿，但是无法补偿失去的程序和数据，为此应设置一定的保险装置。

（4）列出清单或绘制位置图：最基本的防盗安全措施是列出设备的详细清单，并绘出其位置图。

2.5.2 防电磁泄露

任何一台电子设备工作时都会产生电磁辐射，计算机设备也不例外。计算机设备包括主机、磁盘机、打印机等，所有设备都不同程度地产生电磁辐射，造成信息泄露，如主机中各种数字电路电流的电磁泄露、显示器视频信号的电磁泄露、键盘开关引起的电磁泄露、打印机的低频泄露等。由于计算机设备具有信息泄露的特性，可以通过采取一定手段对信号进行接收和还原，这比用其他获取情报的方法更为及时、准确、广泛、连续且隐蔽，所以，国外的情报机构早在20 世纪 80 年代初期就把接收计算机电磁辐射信息作为窃密的重要手段之一。

1. 抑制电磁信息泄露的技术途径

计算机信息泄露主要有两种途径：一是被处理的信息会通过计算机内部产生的电磁波向空中发射，称为辐射发射；二是这种含有信息的电磁波也可以通过计算机内部产生的电磁波向空中发射，称为传导发射。通常，起传导作用的电源线、地线等同时具有传导和辐射发射的功能，也就是说，传导泄露常常伴随着辐射泄露。由于电磁泄露造成的信息暴露会严重影响信息安全，电磁泄露发射技术成为信息保密技术领域的主要内容之一。国际上称为 TEMPEST(Transient Electr Magnetic Pulse Stand-ard Technology)技术。美国安全局(NSA)和国防部(DoD)曾联合研究与开发这一项目，主要研究计算系统和其他电子设备的信息泄露及其对策研究如何抑制信息处理设备的辐射强度，或采取有关的技术措施使对手不能接收到辐射的信号或从辐射的信息中难以提取有用的信号。

目前，抑制计算机中信息泄露的技术途径有两种：一是电子隐蔽技术，二是物理抑制技术。电子隐蔽技术主要是用干扰、调频等技术来掩饰计算机的工作状态和保护信息；物理抑制技术则是抑制一切有用信息的外泄，物理抑制技术可分为包容法和抑源法。包容法主要是对辐射源进行屏蔽以阻止电磁波的外泄传播；抑源法就是从线路和元器件入手，从根本上阻止计算机系统向外辐射电磁波，消除产生较强电磁波的根源。

2. 电磁辐射防护措施

计算机系统在实际应用中采用的防泄露措施主要有以下几个方面。

（1）选用低辐射设备

这是防止计算机设备信息泄露的根本措施。所谓低辐射设备，就是指经有关测试合格的 TEMPEST 设备。这些设备在设计生产时已对能产生电磁泄露的元器件、集成电路、连接线和阴极射线管等采取了防辐射措施，把设备的辐射抑制到最低限度。

（2）利用噪声干扰源

噪声干扰源有两种：一种是白噪声干扰源，另一种是相关干扰器。

使用白噪声干扰源有两种方法：一种是将一台能够产生白噪声的干扰器放在计算机设备旁边，让干扰器产生的噪声与计算机设备产生的辐射信息混杂在一起向外辐射，使计算机设备产生的辐射信息不容易被接收复现；另一种是将处理重要信息的计算机设备放置在中间，四周放置一些处理一般信息的设备，让这些设备产生的辐射信息一起向外辐射，这样就会使接收复现时难辨真伪，同样会给接收复现增加难度。

使用相关干扰器会产生大量的仿真设备的伪随机干扰信号，使辐射信号和干扰信号在空间叠加成一种复合信号向外辐射，破坏原辐射信号的形态，使接收者无法还原信息。这种方法比白噪声干扰源效果好，但由于这种方法多采用覆盖的方式，而且干扰信号的辐射强度大，因此容易造成环境的电磁噪声污染。

（3）采取屏蔽措施

电磁屏蔽是抑制电磁辐射的一种方法。计算机系统的电磁屏蔽包括设备屏蔽和电缆屏蔽。设备屏蔽就是把存放计算机设备的空间用具有一定屏蔽度的金属丝屏蔽起来，再将此金属网罩接地。电缆屏蔽就是对计算机设备的接地电缆和通信电缆进行屏蔽。屏蔽的效果如何，取决于屏蔽体的反射衰减值的大小以及屏蔽的密封程度。

（4）距离防护

由于设备的电磁辐射在空间传播时随距离的增加而衰减，因此在距设备一定的距离时，设备信息的辐射场强就会变得很弱，使辐射的信号难以被接收。这是一种非常经济的方法，但这种方法只适用于有较大防护距离的单位，在条件许可时，在机房的位置选择时应考虑这一因素。安全防护距离与设备的辐射强度和接收设备的灵敏度有关。

（5）采用微波吸收材料

目前，已经生产出了一些微波吸收材料，这些材料各自适用不同的频率范围，并具有不同的其他特性，可以根据实际情况，采用相应的材料以减少电磁辐射。

（6）传导线路防护

用于传送数据的通信电缆或支持信息服务的电力电缆被截断会造成信息的不可用，甚至造成整个系统的中断，用于传送敏感信息的通信电缆被截获，会造成秘密泄露。因此计算机设备信息泄露应当对传输信息资料的通信电缆或支持信息服务的电力电缆加以保护，使其免于被窃听或被破坏。如电缆应尽可能埋在地下，或得到其他适当的保护，使用专门管线，避免线路通过公共区域，电源电缆应与通信电缆分离，以防干扰，定期对线路进行维护及时发现线路故障隐患等，机房装修材料应符合《建筑设计防火规范》中规定的难燃材料和非燃材料，应能防潮、吸音、防起尘、抗静电等。

2.5.3　电源安全

电源是计算机系统的命脉，电源系统的稳定可靠是计算机系统正常运行的先决条件。欠压或过压均会增加对计算机系统元器件的压力，加速其老化，电压波动可使磁盘驱动器工作不稳定而引起读、写错误，电压瞬间变动会造成元器件的突然损坏。为此，计算机系统对电源的基本要求，一是电压要稳，二是计算机工作时不能停电。电源调整器和 UPS 不间断电源可向计算机系统提供稳定、不间断的电源。

1. 电源调整器

电源调整器有以下三种。

（1）隔离器。隔离器包括暂态反应压制器、涌浪电流保护器及隔离元件。当电源线上产生脉冲电压或浪涌电流时，隔离器将电压的变化限制在额定值的±25%之内。

（2）稳压器。电源电压的变动若超过±10%，都有必要使用稳压器。稳压器可以把电源维持在适当的电压。

（3）滤波器。滤波器能滤除 60Hz 以外的任何杂波。

选择电源调整器时，必须考虑以下几点：

① 对电压脉冲的反应速度；

② 是否有能力滤除高频杂波；

③ 是否有能力控制持续的暂态反应；

④ 是否使电力供应保持在一定的水准；

⑤ 能否使输入的电压变动范围减至最小；

⑥ 能否同时供应几台计算机充足的电力。

2. 不间断电源

常见的不间断电源系统（UPS）有持续供电型 UPS、马达发电机、顺向转换型 UPS、逆向转换型 UPS。

（1）持续供电型 UPS

其将外线交流电源整流成直流电对电池充电。外线电力中断时，把电池直流电源变成交流电源，供计算机使用。

（2）发电机

发电机可使用外线电力、汽油或柴油引擎带动发电机，可提供大容量电压稳定电力，供应计算机系统、家庭或办公室照明所需的电力。

（3）顺向转换型 UPS

平时由外线电力带动的发电机发电给电池充电，外线电力一旦中断，电池马上可取代外线电力，用变流器把电池的直流变成交流，供给计算机。

（4）逆向转换型 UPS

其大部分时间由电池来供电，能够忍受像外线电力电压过高、过低或电源线的暂态反应等冲击，而且对外线电力中断要迅速做出反应，在最短的时间间隔内将电力供应给电路。

选择备用电源时，必须考虑以下几个方面：

① 能否提供足够的电源满足用户需要；

② 切换至备用电源所需的时间；

③ 有内装的电源调整器；

④ 有过高及过低电压保护。

此外，在计算机系统的安装过程中，要特别注意电源和地线的安装。计算机系统电源的输入

电压规格繁多，在插电源之前必须仔细检查输入电压的标称值，确保输入电压和标称值相匹配。在开关机以及插拔电缆或板卡时，要按照正确的操作顺序和方法进行，避免造成元器件损坏。

2.5.4 介质安全

存储媒介安全包括媒介本身的安全及媒介数据的安全。媒介本身的安全保护，指防盗、防毁、防霉等。媒体数据的安全保护，指防止记录的信息不被非法窃取、篡改、破坏或使用。为了对不同重要程度的信息实施相应的保护，首先需要对计算机系统的记录按其重要性和机密程度进行分类。

（1）一类记录——关键性记录

这类记录对设备的功能来说是最重要的、不可替换的，是火灾或其他灾害后立即需要的那些记录，如关键性程序、主记录、设备分配图表及加密算法和密钥等密级很高的记录。

（2）二类记录——重要记录

这类记录对设备的功能来说很重要，可以在不影响系统最主要功能的情况下进行复制，但比较困难和昂贵，如某些程序、存储及输入、输出数据等都属于此类。

（3）三类记录——有用记录

这类记录的丢失可能引起极大的不便，但可以很快复制。已留副本的程序就属于此类。

（4）四类记录——不重要记录

这类记录在系统调试和维护中很少应用。

常用的存储媒介有硬盘、磁盘、磁带、打印纸、光盘等。各类记录存储在媒介上时，应加以明显的分类标志，可以在封装上以鲜艳的颜色编码表示，也可以做磁记录标志，其复制品应分散存放在安全的地方。二类记录也应有类似的复制品和存放办法。

为了保证一般介质的存放安全和使用安全，介质的存放和管理有相应的制度和措施：

① 存放有业务数据或程序的介质，必须注意防磁、防潮、防火、防盗；

② 对硬盘上的数据，要建立有效的级别、权限，并严格管理，必要时要对数据进行加密，以确保硬盘数据的安全；

③ 存放业务数据或程序的介质，管理必须落实到人，并分类建立登记簿；

④ 对存放有重要信息的介质，要备份两份并分两处保管；

⑤ 打印有业务数据或程序的打印纸，要视同档案进行管理；

⑥ 凡超过数据保存期的介质，必须经过特殊的数据清除处理；

⑦ 凡不能正常记录数据的介质，必须经过测试确认后销毁；

⑧ 对删除和销毁的介质数据，应采取有效措施，防止被非法复制；

⑨ 对需要长期保存的有效数据，应在介质的质量保证期内进行转储，转储时应确保内容正确。

移动存储介质通用性强、存储量大、体积小、易携带，给信息传递带来方便的同时也带来了不容忽视的信息安全保密隐患。如数据复制不受限、违规交叉使用、组织和个人持有不区分等，特别是移动存储介质在涉密与非涉密计算机间、内部与互联网计算机间交叉使用，导致涉密计算机或内部工作计算机感染木马病毒。远程的黑客可以利用木马复制、修改、删除计算机上的文件，掌握其键盘输入的信息，窃取涉密或内部文件，这将给组织的信息资源带来巨大的安全隐患。为了避免移动存储介质在不同类型计算机上的交叉使用、交叉感染，移动存储介质应实行分类管理。

移动存储介质按其存储信息的重要性和机密程度，可分为涉密存储介质、内部移动存储介质、普通移动存储介质。

① 涉密移动存储介质是指用于存储国家秘密信息的移动存储介质。

② 内部移动存储介质是指用于存储不宜公开的内部工作信息的移动存储介质。

③ 普通移动存储介质是指用于存储公开信息的移动存储介质。

选购移动存储介质时，应将三种类型的移动存储介质分别用不同颜色表示，这样可较明显地把三种不同类型的移动存储介质进行区分，避免操作上的失误。同时，要在显著位置做上编号及标志，便于登记和管理。

涉密移动存储介质因其是用于存储国家秘密信息的，因此只能在涉密计算机组织和涉密信息系统内使用，其中 U 盘、存储卡和软盘只能作为临时存储用。要严禁涉密移动存储介质在非涉密计算机上使用，要严禁高密级的移动存储介质在低密级计算机或信息系统中使用。

涉密移动存储介质的使用应严格按照"统一购置、统一标志、严格登记、集中管理"的原则进行管理。涉密移动存储介质应严格使用权限，在其保存、传递和使用过程中必须保证其中的涉密信息不被非授权人知悉，经管人员应定期进行清点，确保涉密移动存储介质的绝对安全。

内部移动存储介质因其用于存储内部工作信息，这些工作信息是不宜公开的，因此它主要是在与互联网物理隔离的内部工作计算机上使用。为了防止内部工作信息的泄露，要严格禁止内部移动存储介质在与互联网连接的计算机上使用，当然同时也要严禁存储国家秘密信息。

当因工作需要，需将内部信息计算机数据传送到涉密计算机时，可用内部移动存储介质进行传递。但必须采取有效的保密管理和技术防范措施，严防被植入恶意代码程序将涉密计算机感染，导致国家秘密信息被窃取。建议使用光盘进行数据传递。

普通移动存储介质因其用于存储公开信息，因此主要是在与互联网连接的计算机上使用。在管理上主要是严格禁止普通移动存储介质存储国家机密信息和不宜公开的内部工作信息，严格限制普通移动存储介质直接在涉密计算机组织及涉密信息系统内使用。

当因工作需要，需从互联网将所需数据复制到内部工作计算机、涉密计算机或涉密信息系统时，必须经审查批准后，使用普通移动存储介质进行传递。

 项目实施

2.6 运行维护设备安全管控

2.6.1 任务 1：建立设备总表

经过单位组织的盘点，单位现有的设备及管理情况如下。

（1）OA 服务器。数量一台，OA（Office Automation，办公自动化）系统的业务管理工作归行政部，维护工作归技术部，单位全体人员在工作过程中均会使用该设备，OA 服务器使用

Windows 操作系统。

（2）业务服务器。数量一台，业务应用的业务管理归业务部，维护工作归技术部，业务部在工作过程中会使用该设备，业务服务器使用 Linux 操作系统。

（3）网络设备。交换机两台，管理工作均归技术部。其中一台是核心交换机，另一台是办公交换机，用于连接所有的办公用个人计算机，交换机是 Cisco 设备。

路由器一台，管理工作均归技术部，路由器使用 Cisco 设备。

（4）办公用个人计算机。数量 30 台，其中，业务部领用 10 台，技术部领用 10 台，行政部领用 5 台，财务部领用 5 台。办公用个人计算机均使用联想品牌机，使用 Windows 操作系统。

网络拓扑如图 2-1 所示。

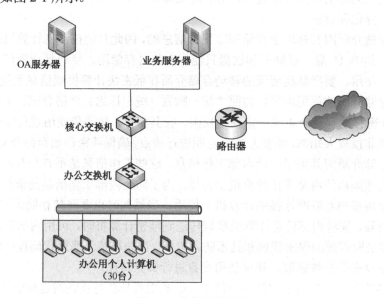

图 2-1 单位网络拓扑

要改善以往设备管理混乱的状况，需要建立设备总表，并通过相应的制度进行管理。通过建立设备总表，可以了解如下信息。

（1）设备何时购入，对应的维保时间

（2）购入该设备的目的

（3）设备的厂商及相关联系人

（4）设备目前的使用者及相关责任人

要建立设备总表，首先要对设备进行梳理，并设计相应的表格形式，然后逐项填写完整。具体步骤如下所述。

1. 按照设备作用进行分类

设备分类是梳理设备的第一步，通过设备分类建立设备的主要索引。设备分类的方法有多种，按照设备作用分类是最为常见的一种模式。

通过对单位现有设备进行分析可知，这些设备主要承担以下任务。

（1）办公服务提供：由一台 OA 服务器组成。

（2）业务服务提供：由一台业务服务器组成。

（3）网络支撑：由一台核心交换机、一台办公交换机和一台路由器组成。

（4）操作终端：由 30 台办公用个人计算机组成。

设备承担的任务即设备的作用，因此设备作用分类就包括办公服务、业务服务、网络支撑以及操作终端四类。

──◎ 小贴士 ◎──

对于更为复杂的环境，可按照上述思路对分类进行扩展，如复杂状态下的办公服务可扩展为 OA 服务、文件服务、财务服务等；业务服务可根据服务的种类细分为"某某业务（该业务的名称）服务提供"，例如在中国移动业务支撑领域会细分为"客户业务"、"计费业务"和"营账业务"等；网络支撑在复杂的情况下，可分为不同部门或者不同区域的网络支撑类别，如总部网络支撑、节点网络支撑等。

2．设计设备管理元素

管理元素即要填写设备的哪些信息，常见的信息包括设备名称、IP 地址、设备配置信息、物理地址、使用人、责任人、设备编号等。设备分类一般作为设备总表的第一项信息。

设备总表的基本形式如表 2-4 所示。

表 2-4　设备总表

分类	名称	编号	物理位置	使用部门	使用人	维护部门	维护人员	IP 地址	设备信息	供货信息
作用 1										
作用 2										
作用 3										
作用 4										

──◎ 小贴士 ◎──

在更为复杂的表格中，可以将设备信息进行细分，如采用的操作系统、安装的软件等；还可以对供货信息进行细分，如厂商名称、厂商技术接口人、联系方式、供货时间、维保时间等。

3．建立表格

设备总表建议采用专门的表格处理软件，如微软的 Excel 等。表格处理软件能够建立索引，利用软件的排序和筛选功能方便对设备数据进行统计和切分。

──◎ 小贴士 ◎──

微软 Excel 的排序功能能够通过设定主要关键字、次要关键字和第三关键字对设备进行排序操作，如将主关键字设定为"使用部门"，如图 2-2 所示，就能够按照部门分别列出设备信息。

微软 Excel 的筛选功能则可以很好地帮助人们对设备数据进行切分，如图 2-3 所示。

选择"自动筛选"选项以后，表格的标题栏将会出现"▼"标志，如图 2-4 所示。

如要找到符合两个条件的设备，分别是"使用部门是业务部"并且"维护人员是张三"的设备，只要单击"使用部门"的"▼"标志，选择"业务部"，然后再单击"维护人员"的

"▼"标志,选择"张三",表格就只出现符合两个条件特征的数据。

图 2-2   Excel 排序

图 2-3   Excel 筛选

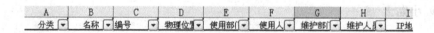

图 2-4   筛选标志

4. 填写表格

请根据任务背景描述,设计表格元素,录入设备信息,完成设备总表。

2.6.2   任务 2:新购设备管理

对新购设备进行有效管理,需要对设备进行开箱检查、安装调试并验收,同时设计相应的表格形式,然后逐项填写完整。具体步骤如下所述。

1. 设备开箱检查

设备开箱检查是设备接收的第一步,主要检查货物是否符合合同的基本供货要求,其中包括型号是否匹配,出厂时间,外观是否完好,随机配件和材料是否齐全等。

设备开箱检查的参与人员要包含未来使用该设备以及维护该设备的人员,共同检查签字确认。典型的开箱检查表格设计如表 2-5 所示。

表 2-5　设备开箱检查验收单

设备名称		规格型号	
制造厂商		出厂年月	
参检部门		检查负责人	
外包装检查：			
设备外表检查：			
随机附件检查：			
随机资料检查：			
备注：			

2．设备安装

设备开箱检查合格后进行设备安装，设备安装需要保证设备被安装在正确的物理场所，正确的接入网络，以及加电后设备能够正常开启。因此安装过程同样需要维护人员和业务使用人员共同参与和检查。

典型的设备安装表格设计如表 2-6 所示。

表 2-6　设备安装情况记录单

设备名称		规格型号	
安装位置		安装日期	
安装图图号		安装图存放处	
安装检查不符合记录			
结论			
安装负责人：		检查人：	
安装单位：		使用单位：	

安装位置指的是设备安装的物理位置，如 A3 机房 8 号机柜。

安装图则是该设备接入网络的情况，一般为了查找方便，需要为安装图定义图号，并且记录存放的位置，如档案室 3 号文件柜。

安装检查是根据合同要求的详细内容进行检查，包括功能要求和性能要求，如果发现不符合的情况，需要在表格内标出，如果均符合则注明"无"。

结论通常有三种情况，一种是检查合格且安装图正确提供后，注明"合格"；一种是检查基本合格，欠缺部分内容，但是不影响主要使用的，注明"需整改"；还有一种就是不能满足基本的使用，则注明"不合格"。

3．设备验收

设备安装合格后，不等同于设备完全合格，一般情况下需要试运行一段时间，如果试运行期间一切正常，方可认为设备合格，试运行出现问题的可延长试运行时间。设备合格则进入设备验收环节。

设备验收环节主要是对设备试运行期间是否正常进行确认，试运行时长进行确认。典型的设备安装表格设计如表 2-7 所示。

表2-7 设备验收单

设备名称		规格型号	
试运行起始时间		试运行结束时间	
试运行情况说明: 操作者:　　　　年　　月　　日			
结论: 负责人:　　　　年　　月　　日			
备注:			

设备验收是一个重要的环节,是确定设备是否合格的关键步骤,因此在管理要求更高的单位,会在表格增加一部分内容,或者增加一个附表,将供货合同和技术方案内的一系列产品要求归纳进行,逐条进行验收。

4. 设备资料记录卡

设备验收通过后,设备正式纳入使用。从设备管理的角度看,需要一个该设备的完整信息备档。如果将完整信息都放入设备总表,反而会增加管理的复杂度,一般来说会单独建档存储,这就是设备资料记录卡。在设备资料记录卡里会明确该设备在单位的正式设备编号。

典型的设备资料记录卡设计如表2-8所示。

表2-8 设备存档资料记录卡

设备基本信息			
设备名称		规格型号	
设备编号		生产厂家	
出厂编号		外形尺寸	
制造日期		设备重量	
设备用途		维保时间	
设备安装信息			
到货日期		验收人	
安装日期		验收人	
验收日期		验收人	
设备使用维护信息			
使用部门		使用人	
维护部门		维护人员	
厂商联系人		联系方式	
设备配置信息			
CPU		内存	
硬盘		网络接口	
IP 地址		操作系统	

续表

其他软件			
设备技术资料			
序号	资料名称	份数	存放处

5. 更新设备总表

请根据任务背景描述，将新购设备信息更新到"建立设备总表"中所建立的设备总表。

2.6.3　任务 3：识别设备重要程度

单位的信息系统突然发生了故障，而且是业务系统和 OA 系统同时发生故障，无法使用。更为麻烦的是技术部人员发生了短缺，只能优先处理一个系统的故障。经过单位领导的协调和技术部人员的加班加点总算按照两个部门的时间要求把故障处理完成，业务系统和 OA 系统均恢复了正常使用，没有造成损失。

这次事件得以顺利解决更多依赖于单位领导的协调，然而，如果协调的资源不足以同时解决两个系统的故障时该怎么处理呢？单位领导认为需要分析清楚信息系统和具体设备的重要程度，以后再发生此类事件的时候至少能明确优先处理哪些故障，这样才能最大程度地减小单位由于信息系统故障造成的影响。

要正确分析信息系统和具体设备的重要程度，需要通过如下步骤实现。

1. 信息系统识别

根据前述任务的业务提供分类，目前单位的信息系统包括 OA 系统、业务系统和财务系统。另外其他的设备可分为网络支撑和操作终端两部分。

请对前述任务生成的设备总表按照业务提供进行分类。

◎ 小贴士 ◎

可以在设备总表内添加"所属业务"表格元素，"所属业务"与原有设备总表的"设备作用"组合使用。例如，财务服务器的"所属业务"是财务系统，"设备作用"是"财务系统服务端设备"；财务专用终端的"所属业务"是财务系统，"设备作用"是"财务系统客户端设备"。特殊的操作终端可以归入特定的信息系统，通用的终端则可归入"操作终端"统一处理。

---

2. 信息系统重要性识别

以单位工作的角度对信息系统的重要程度进行识别。识别的具体依据要根据实际情况进行选择，在本单位中，主要的业务工作均由业务系统承担，财务系统则处理财务的相关工作，OA 系统则用于支持日常办公。

首先需要定义信息系统的级别，级别通常可定位为 3 级，即关键信息系统（3 级系统）、重要信息系统（2 级系统）和一般信息系统（1 级系统）。

关键信息系统主要指该系统失效后,将对单位业务开展产生重大影响;重要信息系统指系统失效后,对单位的部分业务开展产生重大影响;一般信息系统指系统失效后只会影响个人使用,对业务开展影响程度不高。

以此为依据,填写表 2-9,在"系统重要级别"一栏中给出当前单位的信息系统的级别,并且在"系统级别说明"一栏中给出定义该级别的原因。

表 2-9 信息系统重要程度表

系 统 类 别	系统重要级别	系统级别说明
业务系统		
财务系统		
OA 系统		
网络支撑		
操作终端		

表 2-9 完成后,请在设备总表中新增加两个表格元素"系统重要级别"和"系统级别说明",将上表内容填入设备总表。

3. 设备重要性识别

与信息系统重要性识别一样,同样需要定义设备的级别,设备重要性级别通常也可定义为 3 级,即关键设备(3 级设备)、重要设备(2 级设备)和一般设备(1 级设备)。

关键设备主要指该设备失效后,对所属业务开展产生重大影响;重要设备指设备失效后,对所属业务开展产生局部影响;一般设备失效后只会影响个人使用,对所属业务开展影响程度不高。

以此为依据,请在设备总表中新增加两个表格元素"设备重要级别"和"设备级别说明",在"设备重要级别"一栏中给出设备的级别,并且在"设备级别说明"一栏中给出定义该级别的原因。

4. 综合级别评价

通过步骤二和步骤三得出了信息系统的重要级别以及设备在所属信息系统里的重要级别,通过对两个级别数据的综合评价,就可以得出具体设备相对于单位的整体综合级别。

综合两个级别数据的常用方法是矩阵法,如表 2-10 所示。

表 2-10 矩阵法

设备重要级别 ＼ 系统重要级别	1	2	3
1	1	2	2
2	2	2	3
3	2	3	3

矩阵法的使用说明如下。

横轴代表步骤二定义的系统重要级别,纵轴代表步骤三定义的设备重要级别,横纵交叉处即为综合级别。

例如,系统重要级别是1,设备重要级别是1,那么综合级别取横轴1,纵轴1,交叉表格数据是1,那么该设备的综合级别就是"1"。

再例如系统重要级别是2,设备重要级别是3,那么综合级别取横轴2,纵轴3,交叉表格数据是3,那么该设备的综合级别就是"3"。

> ——◎ **小贴士** ◎——
>
> 矩阵法中除了以下两种情况外,其他数据会根据单位管理情况进行变动:
>
> (1)横轴1,纵轴1,取值一定是1
>
> (2)横轴3,纵轴3,取值一定是3
>
> 变动的依据往往是会根据单位的综合管理能力和可投入的管理资源来进行。
>
> 例如由于某种原因投入的管理资源有限的情况下,可适当调低综合级别,降低管理复杂度。在这种情况下,数据变动示例如表2-11所示。

表2-11　可选的矩阵法

系统重要级别 设备重要级别	1	2	3
1	1	<u>1</u>	2
2	<u>1</u>	2	<u>2</u>
3	2	2	3

带下画线的数字进行了变动,整体调低了设备的综合级别。

请根据表2-10中所示数据,在设备总表中新增加一个表格元素"设备综合级别",在"设备综合级别"填入设备的综合级别。

> ——◎ **小贴士** ◎——
>
> 人工计算并填入设备综合级别会有出错的可能性,尤其是设备表数据量比较庞大的时候,推荐使用专门的表格处理软件,如微软的 Excel 等,表格处理软件能够生成公式自动计算。

2.6.4　任务4:设备安全配置

单位领导参加了上级主管部门组织的信息安全培训,在培训中学习到了信息安全体系建设的基本内容。单位领导对信息安全建设专门组织了会议,在会议上各部门充分讨论了本单位如何进行信息安全建设,确定了信息安全建设的基本内容和建设节奏。

会议中的一个共识是单位需要建立设备的安全配置要求,对设备进行一次基础的安全配置。这项工作不需要金钱上的投入,不需要向上级主管部门提交相应的预算,因此该工作能够立即执行,而且是能够明显提升系统安全性的一项工作内容。

要对设备进行安全配置，首先要了解单位信息系统的基本情况，梳理出需要进行安全配置的设备，其次根据设备的重要程度定义设备的安全配置要求，然后根据安全配置要求对设备进行安全配置。具体步骤如下所述。

1. 梳理设备

根据设备重要程度，单位决定对重要程度高的业务服务器、OA 服务器、财务服务器、核心交换机进行安全配置，办公终端则考虑到财务系统的特殊性，对财务办公终端进行安全配置。

上述设备的基本信息如下：

业务服务器为 RedHat Linux 9.0 操作系统；

OA 服务器为 Windows 2008 Server 操作系统；

财务服务器为 Windows 2008 Server 操作系统；

核心交换机为 Cisco 的 6509 型号；

财务办公终端为 Windows 7 操作系统。

2. 定义业务服务器的安全配置要求

业务服务器主要需要对其用户口令、权限设置和审计日志进行安全配置，具体的安全配置要求如表 2-12 所示。

表 2-12　业务服务器安全配置要求

安全配置项目名称	安全配置要求
操作系统 Linux 用户口令安全配置	操作系统用户口令不能存在空口令或者弱口令（如口令与用户名相同或连续数字等）
操作系统 Linux 超级用户策略安全配置	操作系统中除 root 之外不能存在超级用户（UID 为 0 的用户）
操作系统 Linux 超级用户环境变量安全配置	查看 root 用户环境变量的安全性，包括 root 用户目录的权限设置是否正确
操作系统 Linux 目录文件权限安全配置	操作系统中重要目录或文件的权限设置必须正确
操作系统 Linux 登录审计安全配置	操作系统应开启 Syslog 日志记录，并记录其登录事件

◉ 小贴士 ◉

1. 弱口令

弱口令是指容易被别人猜测到或被破解工具破解的口令。仅包含简单数字和字母的口令，如“123”、“abc”等，因为这样的口令很容易被别人破解，从而使用户的计算机面临风险，因此不推荐用户使用。

2. 安全口令

安全口令是指有一定复杂度的口令，不易被猜测和破解。安全口令一般遵循以下原则：

（1）不使用空口令或系统默认的口令，因为这些口令众所周知，为典型的弱口令。

（2）口令长度不小于 8 个字符。

（3）口令不应该为连续的某个字符（如 AAAAAAAA）或重复某些字符的组合。

（4）口令应该为以下四类字符的组合，大写字母（A～Z）、小写字母（a～z）、数字（0～9）和特殊字符。每类字符至少包含一个。

（5）口令应该易记且可以快速输入，防止他人从你身后很容易看到你的输入。

（6）至少 90 天内更换一次口令，防止未被发现的入侵者继续使用该口令。

3. 实施业务服务器的安全配置

（1）操作系统 Linux 用户口令安全配置。

用户口令安全配置包含两个步骤，一是口令检查，二是检查后对不符合要求的口令进行配置。

空口令的检查可以通过系统命令实现，命令执行如图 2-5 所示。

```
[root@oracle54 ~]#
[root@oracle54 ~]# awk -F: '($2=="") { print $1 }' /etc/shadow
[root@oracle54 ~]#
```

图 2-5　空口令检查

弱口令的检查通过系统命令无法实现，需要对用户进行询问，询问管理员是否存在如下类似的简单用户密码配置，如用户名与密码相同、口令为连续数字等；

若存在弱口令或者空口令的情况，则需要对该用户的口令进行修改，将其修改成一个安全口令。直接通过输入"passwd"命令修改口令，如图 2-6 所示。

```
[root@oracle54 ~]# passwd
Changing password for user root.
New UNIX password:
BAD PASSWORD: it is based on a dictionary word
Retype new UNIX password:
passwd: all authentication tokens updated successfully.
[root@oracle54 ~]#
```

图 2-6　口令修改

（2）操作系统 Linux 超级用户策略安全配置。

操作系统中除 root 之外不能存在超级用户，需要先对超级用户进行检查，可以通过系统命令实现，执行"awk -F: '($3 == 0) { print $1 }' /etc/passwd"，显示系统中 UID 为 0 的所有用户，如图 2-7 所示。

```
[root@oracle54 ~]#
[root@oracle54 ~]# awk -F: '($3 == 0) { print $1 }' /etc/passwd
root
[root@oracle54 ~]#
```

图 2-7　超级用户检查

若除了 root 外还存在 UID 为 0 的用户，则需要将该用户删除，确保超级用户只有 root 一个，通过输入"userdel"命令删除该用户，以删除"gavin"为例，如图 2-8 所示。

```
[root@oracle54 ~]#
[root@oracle54 ~]# userdel gavin
[root@oracle54 ~]#
```

图 2-8　删除用户

（3）操作系统超级用户环境变量安全配置。

操作系统超级用户环境变量安全配置，首先要检查超级用户 root 环境变量的安全性，包括检查是否包含父目录及 root 用户目录的权限设置是否正确。进行这两项检查可以通过下面的命令实现。

通过执行"echo $PATH | egrep '(^|:)(\.|:|$)'"，检查是否包含父目录，通过执行"find `echo $PATH | tr ':' ' '` -type d \(-perm -002 -o -perm -020 \) –ls"，检查是否包含组目录权限为 777 的目

录，如图 2-9 所示。

```
[root@oracle54 ~]# echo $PATH | egrep '(^|:)(\.|:|$)'
[root@oracle54 ~]# find `echo $PATH | tr ':' ' '` -type d \( -perm -002 -o -perm
 -020 \) -ls
find: /root/bin: 没有那个文件或目录
[root@oracle54 ~]#
```

图 2-9 超级用户环境变量检查

若检查发现存在权限为 777 的目录或文件，则需要将其权限进行修改，去掉 root 组外所有的权限，将权限设置为 770，通过输入 "chmod" 命令修改其权限，如图 2-10 所示。

```
[root@oracle54 ~]# chmod 770 myfile
```

图 2-10 权限修改

（4）操作系统 Linux 目录文件权限安全配置。

操作系统中重要目录或文件的权限设置必须正确，执行以下命令检查目录和文件的权限设置情况。

```
ls  -l  /etc/
ls  -l  /etc/rc.d/init.d/
ls  -l  /etc/shadow
ls  -l  /etc/group
ls  -l  /etc/security
ls  -l  /etc/services
ls  -l  /etc/rc.d
```

通过执行 "ls –l /etc/" 命令可以查看 etc 目录下的文件权限设置，如图 2-11 所示。

```
root@oracle54:~
-rw-r--r--  1 root     root         2009 01-28 16:58 passwd
-rw-r--r--  1 root     root         2048 01-23 17:48 passwd-
drwxr-xr-x  2 root     root         4096 2011-08-06 pcmcia
drwxr-xr-x  2 root     root         4096 2012-02-03 php.d
-rw-r--r--  1 root     root        45081 2012-01-19 php.ini
-rw-r--r--  1 root     root         2875 2007-01-07 pinforc
drwxr-xr-x  7 root     root         4096 2011-05-11 pki
drwxr-xr-x  5 root     root         4096 2011-08-06 pm
drwxr-xr-x  3 root     root         4096 2012-02-03 ppp
-rw-r--r--  1 root     root       382868 01-23 12:01 prelink.cache
-rw-r--r--  1 root     root          973 2008-09-18 prelink.conf
drwxr-xr-x  2 root     root         4096 2011-08-08 prelink.conf.d
-rw-r--r--  1 root     root          135 01-24 12:47 printcap
-rw-r--r--  1 root     root         1170 2011-08-08 profile
drwxr-xr-x  2 root     root         4096 2012-02-03 profile.d
-rw-r--r--  1 root     root         6108 2006-10-11 protocols
drwxr-xr-x  2 root     root         4096 2012-02-03 purple
-rw-r--r--  1 root     root          220 2011-05-04 quotagrpadmins
-rw-r--r--  1 root     root          290 2011-05-04 quotatab
drwxr-xr-x  3 root     root         4096 2011-08-06 racoon
lrwxrwxrwx  1 root     root            7 2012-02-03 rc -> rc.d/rc
lrwxrwxrwx  1 root     root           10 2012-02-03 rc0.d -> rc.d/rc0.d
lrwxrwxrwx  1 root     root           10 2012-02-03 rc1.d -> rc.d/rc1.d
lrwxrwxrwx  1 root     root           10 2012-02-03 rc2.d -> rc.d/rc2.d
```

图 2-11 权限安全检查

上述重要目录及文件的权限并不相同，通常 "/etc" 的目录权限为 755，而像 "/etc/shadow" 的权限则为 400。如果发现权限设置错误，则需要对权限进行修改，通过输入 "chmod" 命令修改目录或文件的权限，如图 2-12 所示。

```
[root@oracle54 ~]#
[root@oracle54 ~]# chmod 755 /etc
[root@oracle54 ~]#
```

图 2-12　权限修改

请根据上述步骤，对"/etc/rc.d/init.d/"、"/etc/shadow"、"/etc/group"、"/etc/security"、"/etc/services"、"/etc/rc.d"这些目录或文件进行权限安全配置，具体的权限设置情况如表 2-13 所示，请根据目录文件权限完成该表的"执行指令"列。

表 2-13　目录文件权限设置

目录或文件	权　限	执 行 指 令
/etc/rc.d/init.d/	755	
/etc/shadow	400	
/etc/group	644	
/etc/security	755	
/etc/services	644	
/etc/rc.d	755	

——◎ 小贴士 ◎——

Linux 的文件权限

Linux 下用(ls -l)查看某目录下所有文件的详细属性列表时，会看到文件的操作权限，类似"drwxr-xr-x"的字符串。

这串字符可以分成 4 段理解，结构为"d+ 文件所有者操作权限+文件所有者所在组操作权限+其余人的操作权限"。

第一段：例子中字母"d"，表示文件所在目录。

第二段：例子中字符串"rwx"，表示文件所有者对此文件的操作权限。

第三段：例子中字符串"r-x"，表示文件所有者所在组对此文件的操作权限。

第四段：例子中字符串"r-x"，表示除 2、3 两种外的任何人对此文件的操作权限。

通常用三个数字来表示文件的读取、写入、执行权限。执行：1；写入：2；读取：4。

随便写个数字：755，这个 3 位数分别对应前面所说的分段：7 对应第二段，5 对应第三段，5 对应第四段。含义：

7：表示文件所有者的权限，4+2+1=7，即文件所有者对该文件有读、写、执行的权限。

5：表示文件所有者所在组的权限：4+1=5，即文件所有者所在组对文件有读、执行权限，没有写权限。

5：同上，其余人对该文件只有读、执行权限，没有写权限。

（5）操作系统登录审计安全配置。

操作系统登录审计安全配置要求操作系统开启 Syslog 日志记录，并记录其登录事件。首先检查系统是否开启登录审计的日志记录功能，可以通过执行 more /etc/syslog.conf 命令，查看参数 authpriv 值来进行确认，如图 2-13 所示。

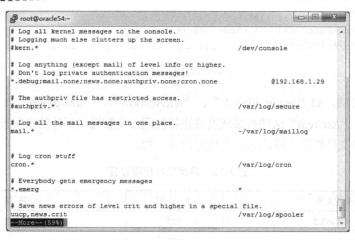

图 2-13　登录审计日志检查

若未开启该项设置，则需要修改其配置，通过执行 "vi /etc/syslog.conf" 命令，去掉 authpriv.*前面的#即可，如图 2-14 所示。

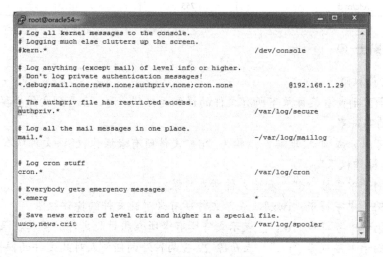

图 2-14　登录审计日志配置

4. 定义 OA 服务器/财务服务器的安全配置要求

OA 服务器主要需要对其账户口令、本地安全策略、审计日志进行安全配置，具体的安全配置要求如表 2-14 所示。

表 2-14　OA 服务器/财务服务器的安全配置要求

安全配置项目名称	安全配置要求
操作系统默认账户安全配置	禁用 Guest（来宾）账号
操作系统密码复杂度安全配置	最短密码长度 6 个字符，启用本机组策略中密码必须符合复杂性要求的策略
操作系统密码历史安全配置	对于采用静态口令认证技术的设备，账户口令的生存期不长于 90 天
操作系统账户锁定策略安全配置	对于采用静态口令认证技术的设备，应配置当用户连续认证失败次数超过 6 次，锁定该用户使用的账号

续表

安全配置项目名称	安全配置要求
操作系统本地关机策略安全配置	在本地安全设置中关闭系统仅指派给 Administrators 组
操作系统用户权力指派策略安全配置	在本地安全设置中取得文件或其他对象的所有权仅指派给 Administrators
操作系统审核登录策略安全配置	设备应配置日志功能，对用户登录进行记录，记录内容包括用户登录使用的账号、登录是否成功、登录时间，以及远程登录时，用户使用的 IP 地址

5. 实施 OA 服务器/财务服务器的安全配置

（1）操作系统默认账户安全配置。

操作系统默认账户的安全配置主要是要求禁用 Guest（来宾）账号，Guest 账号的禁用方法如下。

进入"控制面板"→"管理工具"→"服务器管理器"，在"服务器管理器"中单击"配置"→"本地用户和组"→"用户"，然后选择 Guest 用户后右击，在弹出的快捷菜单中选择"属性"选项，然后在弹出的对话框中选中"账户已禁用"复选框，单击"确定"按钮即可，如图 2-15 所示。

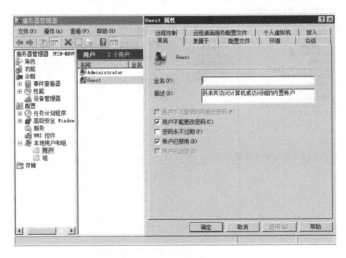

图 2-15　禁用 Guest 账号

（2）操作系统密码复杂度安全配置。

操作系统密码复杂度安全配置要求最短密码长度为 6 个字符，启用本机组策略中密码必须符合复杂性要求的策略，设置方法如下。

进入"控制面板"→"管理工具"→"本地安全策略"，在"本地安全策略"中单击"账户策略"→"密码策略"中查看"密码必须符合复杂性要求"，选中"已启用"复选框即可，如图 2-16 所示。

（3）操作系统密码历史安全配置。

操作系统密码历史安全配置要求对于采用静态口令认证技术的设备，账户口令的生存期不长于 90 天，设置方法如下。

进入"控制面板"→"管理工具"→"本地安全策略",在本地安全策略中单击"账户策略"→"密码策略"中查看"密码最长使用期限",选择"90 天"即可,如图 2-17 所示。

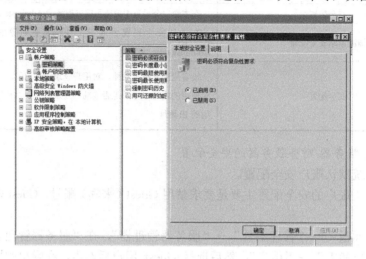

图 2-16　密码复杂度设置

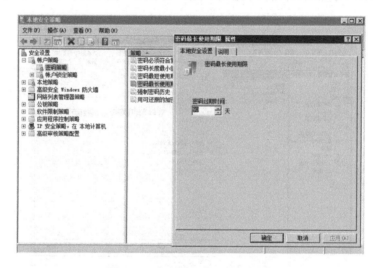

图 2-17　密码最长使用期限设置

(4)操作系统账户锁定策略安全配置。

操作系统账户锁定策略安全配置要求对于采用静态口令认证技术的设备,应配置当用户连续认证失败次数超过 6 次,锁定该用户使用的账号,设置方法如下。

进入"控制面板"→"管理工具"→"本地安全策略",在本地安全策略中单击"账户策略"→"账户锁定策略"中查看"账户锁定阈值",选择"6 次"即可,如图 2-18 所示。

(5)操作系统本地关机策略安全配置。

操作系统本地关机策略安全配置要求在本地安全设置中,将关闭系统权限仅指派给 Administrators 组,设置方法如下。

进入"控制面板"→"管理工具"→"本地安全策略",在"本地安全策略"中单击"本地策略"→"用户权限分配"中查看"关闭系统",将关闭系统的权限只分配给"Administrators"组即可，如图 2-19 所示。

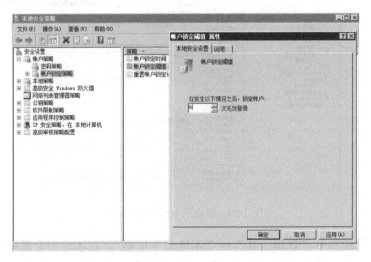

图 2-18　账户锁定设置

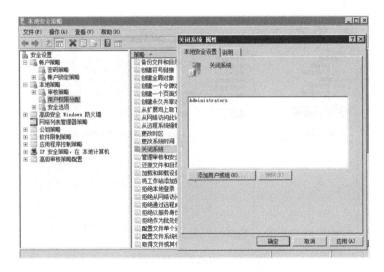

图 2-19　关闭系统权限分配

（6）操作系统用户权力指派策略安全配置。

操作系统用户权力指派策略安全配置要求在本地安全设置中，将取得文件或其他对象的所有权仅指派给 Administrators，设置方法如下。

进入"控制面板"→"管理工具"→"本地安全策略"，在"本地安全策略"中单击"本地策略"→"用户权限分配"中查看"取得文件或其他对象的所有权"，将取得文件或其他对象的所有权分配给"Administrators"组即可，如图 2-20 所示。

（7）操作系统审核登录策略安全配置。

操作系统审核登录策略安全配置要求设备应配置日志功能，对用户登录进行记录，记录内容包括用户登录使用的账号，登录是否成功、登录时间，以及远程登录时，用户使用的 IP 地址等，具体的设置方法如下。

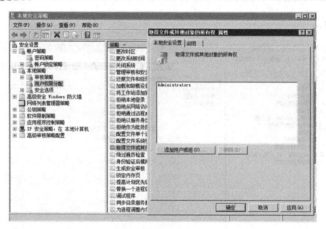

图 2-20　取得所有权权限分配

进入"控制面板"→"管理工具"→"本地安全策略",在本地安全策略中单击"本地策略"→"审核策略"中查看"审核登录事件",将"审核登录事件属性"设置开启审核"成功"、"失败"即可,如图 2-21 所示。

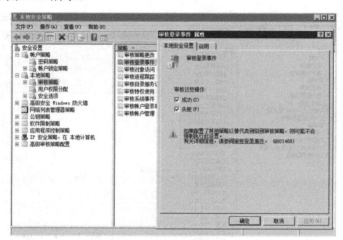

图 2-21　审核登录事件设置

6. 定义网络设备的安全配置要求

核心交换机为网络设备中需要重点进行安全防护的对象,对其进行安全配置应主要考虑密码设置、时间同步及审计日志的相关要求,具体的安全配置要求如表 2-15 所示。

表 2-15　网络设备的安全配置要求

安全配置项目名称	安全配置要求
记录的时间的准确性安全配置	开启 NTP 服务,保证日志功能记录的时间的准确性
远程日志功能安全配置	设备应支持远程日志功能。所有设备日志均能通过远程日志功能传输到日志服务器。设备应支持至少一种通用的远程标准日志接口,如 Syslog、FTP 等
静态口令安全配置	静态口令必须使用不可逆加密算法加密,以密文形式存放。如使用 Enable Secret 配置 Enable 密码,不使用 Enable Password 配置 Enable 密码
Console 口密码保护功能安全配置	配置 Console 口密码保护功能

——◎ **小贴士** ◎——

NTP（Network Time Protocol）是用来使计算机时间同步化的一种协议，它可以使计算机对其服务器或时钟源（如石英钟，GPS 等）做同步化，它可以提供高精准度的时间校正（LAN 上与标准间差小于 1 毫秒，WAN 上几十毫秒）。

7. 实施网络设备的安全配置

（1）静态口令安全配置。

静态口令安全配置要求静态口令必须使用不可逆加密算法加密，以密文形式存放。须使用 Enable Secret 配置 Enable 密码，不使用 Enable Password 配置 Enable 密码。使用 Enable Secret 配置 Enable 密码设置如下。

进入交换机的配置模式，输入“enable secret logbase”，可以将 Enable 的密码设置为“logbase”。配置完成后，通过“show running-config”命令查看配置文件，可以看到加密存储的 Enable 密码，如图 2-22 和图 2-23 所示。

```
logbase#conf t
Enter configuration commands, one per line.  End with CNTL/Z.
logbase(config)#enable secret logbase
logbase(config)#
```

图 2-22 配置 Enable 密码

```
logbase#show running-config
Building configuration...

Current configuration:
!
version 12.0
no service pad
service timestamps debug uptime
service timestamps log datetime localtime
no service password-encryption
!
hostname logbase
!
logging console informational
enable secret 5 $1$4Db.$5J8TuM6Dq1LRy0lZayrdX0
```

图 2-23 检查 Enable 密码设置

（2）记录的时间的准确性安全配置。

记录的时间的准确性安全配置需要在交换机上开启 NTP 服务，保证日志功能记录的时间的准确性，设置方法如下。

在配置页面输入“ntp server 192.168.20.100”，即配置时间同步服务器为 192.168.20.100，如图 2-24 所示。

```
logbase#conf t
Enter configuration commands, one per line.  End with CNTL/Z.
logbase(config)#ntp server 192.168.20.100
logbase(config)#
```

图 2-24 开启 NTP 时间同步设置

（3）远程日志功能安全配置。

远程日志功能安全配置要求设备应支持远程日志功能，所有设备日志均能通过远程日志功能传输到日志服务器。设备应支持至少一种通用的远程标准日志接口，如 Syslog、FTP 等，通过 Syslog 协议发送日志的方法如下。

在配置页面输入如下命令即可配置日志服务器为 192.168.1.28，将通过 Syslog 协议将设备日志发送到日志服务器。

```
#Logging on                      //开启日志转发功能
#Logging 192.168.1.28            //设置日志服务器为 192.168.1.28
#Logging trap informational      //设置日志级别为 informational
```

支持远程日志功能配置如图 2-25 所示。

```
logbase(config)#logging on
logbase(config)#logging 192.168.1.28
logbase(config)#logging trap informational
logbase(config)#
```

图 2-25　支持远程日志功能配置

（4）Console 口密码保护功能安全配置。

配置 Console 口密码保护功能可以对 Console 直联的访问进行身份验证，保证合法用户才能登录 Console 口对交换机的设置进行更改，配置 Console 口密码的设置方法如下。

进入交换机配置页面，输入如下指令即可配置 Console 连接密码为 logbase。

```
#line console 0
#password logbase
```

配置 Console 密码如图 2-26 所示。

```
logbase(config)#line console 0
logbase(config-line)#password logbase
logbase(config-line)#exit
logbase(config)#
```

图 2-26　配置 Console 密码

8. 定义财务办公终端的安全配置要求

财务办公终端为办公用个人计算机中最为重要的设备，应对其进行安全配置并确保其安全配置满足如表 2-16 所示要求。

表 2-16　财务办公终端的安全配置要求

安全配置项目名称	安全配置要求
操作系统密码复杂度安全配置	最短密码长度 6 个字符
操作系统密码历史安全配置	账户口令的生存期不长于 90 天
操作系统账户锁定策略安全配置	当用户连续认证失败次数超过 6 次，锁定该用户使用的账号

9. 实施财务办公终端的安全配置

（1）操作系统密码复杂度安全配置。

操作系统密码复杂度安全配置要求系统最短密码长度为 6 个字符，设置方法如下。

进入"控制面板"→"管理工具"→"本地安全策略"，在"本地安全策略"中单击"账户策略"→"密码策略"中查看"密码长度最小值"，选择"6"个字符即可，如图 2-27 所示。

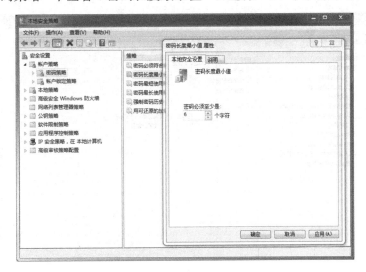

图 2-27　密码长度最小值设置

（2）操作系统密码历史安全配置。

操作系统密码历史安全配置要求账户口令生存期不长于 90 天，设置方法如下。

进入"控制面板"→"管理工具"→"本地安全策略"，在"本地安全策略"中单击"账户策略"→"密码策略"中查看"密码最长使用期限"，选择"90 天"即可，如图 2-28 所示。

图 2-28　密码最长使用期限设置

（3）操作系统账户锁定策略安全配置。

操作系统账户锁定策略安全配置要求当用户连续认证失败次数超过 6 次，锁定该用户使用的账号，设置方法如下。

进入"控制面板"→"管理工具"→"本地安全策略",在"本地安全策略"中单击"账户策略"→"账户锁定策略"中查看"账户锁定阈值",选择"6 次"即可,如图 2-29 所示。

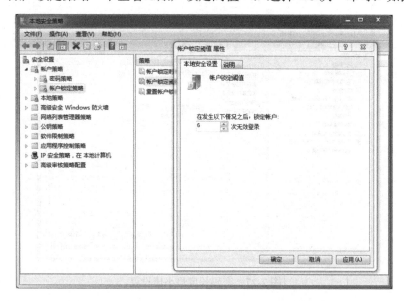

图 2-29　账户锁定阈值设置

学中反思

1. 设备总表由专人管理,如果负责人由于特定原因暂时脱离工作岗位,如休假,在这种情况下,如何可以保证设备总表的可用性。

2. 为什么不是直接定义出设备的级别,而是先做信息系统的重要性识别,再做设备的重要性识别,最后才得出综合级别。

3. 实施的每个步骤应该组织单位的哪些人员来参与,方能保证识别出来的重要程度是准确的。

4. 如某些系统有特殊配置要求,无法执行统一的安全基线配置,请构建出相应的例外流程对其进行处理。

5. 所有的 IT 系统都应执行统一的安全基线配置,本次优先配置了服务器和财务办公终端,接着该优先处理哪些设备。

实践训练

1. 某单位已经成功建立起了总表作为设备管理的基本数据来源,但是各部门还需要自己的设备表用于部门内部的设备管理,请做出符合部门工作特点的部门用设备表。

2. 请用 CIA 设备分级法对以下设备进行分级。

(1) OA 服务器;

(2) 财务服务器;

(3) 业务服务器;

（4）核心交换机；

（5）办公用交换机；

（6）财务专用终端。

3. 根据业务服务器、OA 服务器/财务服务器的安全配置，参考上述"相关知识"中通用配置以及 Windows 服务器和 Linux 服务器的安全基线配置要求，建立本单位较全面的 Windows 服务器和 Linux 服务器的安全配置要求，完成下表。

配置分类	Windows 服务器	Linux 服务器
账号管理		
口令管理		
远程管理		
补丁管理		
病毒木马		
日志审计		
安全配置		
其他		

项目三

运行维护人员安全管控

知识目标

- 了解人员安全的管理原则及措施
- 了解实施运行维护人员安全管控的意义
- 了解运行维护人员安全管控的基本内容
- 掌握三权分立的管理思想
- 掌握运行维护人员 AB 角管理的含义
- 了解外来运行维护人员的定义及分类

技能目标

- 了解运行维护人员离职和入职的工作交接程序和具体的安全管控方法
- 了解实施外来运行维护人员安全管控的步骤和方法

项目描述

单位的技术部一共 8 人，包含系统管理员 3 名（业务系统管理员、OA 系统管理员和财务系统管理员各 1 名）。由于个人原因，负责 OA 系统运行维护的系统管理员提出离职，单位经过慎重考虑批准了他的离职申请。

单位为了保证运维工作的安全性，决定加强对内部运行维护人员以及外来运行维护人员的安全管控，通过一系列的管理措施，达到了单位为保证运维安全的目的。

相关知识

3.1 人员安全

信息系统安全问题中最核心的是管理问题。"人"是实现信息系统安全的关键因素，对组织信息系统造成的人为威胁主要来自以下几个方面。

（1）内部人员：一般都具有对系统一定的合法访问权限，比外部人员拥有更大的便利条件。

70

内部人员对系统内重要信息存放地、信息处理流程、内部规章制度等比较了解，因此，比外部人员更能直接攻击重要目标，逃避安全检查。

（2）准内部人员：硬件厂商、软件厂商、软件开发商以及这些厂商的开发人员、维护人员都对系统情况有一定的了解，在一定时期内对系统具有合法访问权限，加之是专业人员，因此更有条件和能力对组织信息系统埋藏后门和入侵。

（3）特殊身份人员：一般包括记者、警察、技术顾问和政府工作人员，可能会利用自己的特殊身份了解系统，以作相应改动。

（4）外部个人或小组：由于操作系统、数据库管理系统及通信设备等安全级别不够，容易遭到外部黑客的攻击。

（5）竞争对手：为谋取利益，各商家或竞争对手可能派出商业间谍，或采取高科技手段，向竞争企业的网络发起进攻。

3.1.1 人员安全管理原则

（1）多人负责原则，即每一项与安全有关的活动都必须有 2 人或多人在场。

（2）任期有限原则，任何人最好不要长期担任与安全有关的职务，以保持该职务具有竞争性和流动性。

（3）职责分离原则，出于对安全的考虑，科技开发、生产运行和业务操作都应当职责分离。

3.1.2 人员安全管理措施

组织内人员安全管理措施可以从以下几个方面考虑。

1. 领导者安全意识

（1）定期制订安全培训计划，组织安全学习活动，责成各级高层管理人员经常关注和强化计算机安全技术和保密措施。

（2）组织计算机安全任务小组来评定整个系统的安全性，安全小组应及时向高层管理层报告发现的问题并提出关键性建议，领导者可授权安全小组制订各种安全监督措施。

（3）对违反安全规则的人员，管理层应进行惩罚。

（4）领导者应严于律己，不得将内部机密轻易泄露给他人，尤其注意收发电子邮件时，不将组织专有信息放在网络服务器和 FTP 服务器上。

2. 系统管理员意识

（1）保证系统管理员个人的登录安全。

（2）给账号和文件系统分配访问权限。

（3）经常检查系统配置的安全性，如线路连接及设备安全、磁盘备份是否安全等。

（4）注意软件版本的升级，安装系统最新的补丁程序，尽量减少入侵者窃取到口令文件的可能性，关掉不必要的服务，减少入侵者入侵途径。

3. 一般用户安全意识

（1）经常参加计算机安全技术培训，学习最新安全防护知识。

（2）以合法用户身份进入应用系统，享受授权访问信息。

（3）不与他人共享口令，并经常更换口令。

（4）不将一些私人信息，如公司计划或个人审查资料存入计算机文件。

（5）注意将自己的主机设为拒绝未授权远程计算机的访问要求。

（6）保证组织的原始记录，如发票、凭证、出库和入库单等不被泄露。

（7）自觉遵守公司制定的安全保密规章制度，不制作、复制和传播违法违纪内容，不进行危害系统安全的活动。

4．外部人员

（1）组织应监视和分析系统维护前后源代码及信息系统运行情况，防止开发维护人员的破坏行为。

（2）将特殊身份人员（如警察、记者等）的权限限制在最小范围。

（3）密切注视竞争对手的近况，防止商业间谍偷袭。

3.2　内部运行维护人员安全管控

3.2.1　实施运行维护人员安全管控

1．实施运行维护人员安全管控的意义

运行维护人员具备直接接触系统的权限，考虑到运行维护工作的特殊性，运行维护人员获取的权限往往很高，而且运行维护人员误操作造成的系统影响也很高，因此对运行维护工作进行安全管理和控制必须对运行维护人员进行安全管控。通过对运行维护人员的安全管控，降低运行维护人员发生恶意操作及误操作的可能性，提升运行维护工作的安全性，进而保障系统安全稳定运行。

2．运行维护人员安全管控的基本内容

运行维护人员安全管控主要通过 4 个方面的工作来进行，一是对运行维护人员的流动实施安全控制，包括录用、转岗、离职；二是通过培训提升安全能力；三是通过检查、考核和惩戒约束安全的工作过程；四是建立安全操作指南指导实际运行操作。

3．运行维护人员安全培训控制

运行维护人员需要进行安全知识和技能的培训以提升安全水平，达到岗位要求，履行安全工作职责。安全培训的控制需要明确安全培训的目标、安全培训的计划、安全培训的内容、安全培训机构选择以及安全培训考核。

首先需要明确安全培训的目标。整体安全培训工作的目标是通过信息安全教育和培训，单位运行维护相关各级领导及员工应明确了解本单位信息安全体系，并明确各自在体系中的安全职责，明确自身对于维护保障信息系统正常、安全运行所需承担的相关责任和义务。在明确安全职责、相关责任和义务的前提下，提升安全知识水平和安全技能水平，实现安全的运行维护，正确应对突发安全事件，为系统安全稳定运行提供保障。

单个安全培训的目标则更为针对性，例如为了安全使用设备实施的设备使用安全培训、为了提升信息安全意识实施的信息安全理论及意识培训等。

其次需要制订培训计划实施信息安全教育和培训工作。培训计划需要注意在覆盖所有相关运行维护人员的前提下分层次、分阶段，循序渐进地进行。分层次培训是指对不同层次和不同岗位的人员，如何将相关人员分成三个层次，分别是管理层（包括运行维护工作各级领导）、信息安全专业层（包括各单位信息安全管理人员）、运维操作层（包括网络管理员、系统管理员、应用管理员和数据库管理员）开展有针对性和不同侧重点的培训。分阶段培训是指在信息安全管理体系的建立、实施和保持的不同阶段，实施不同的培训内容。

再次需要明确体系化的培训内容。完整的信息安全培训包括安全意识培训、安全知识培训、安全技能培训和安全操作培训。安全意识培训是指提升运维人员的安全意识，让运维人员理解安全的重要性，理解安全受到危害的后果，提升安全防范意识；安全知识培训则更多的介绍信息安全的相关知识，包括信息安全理念、信息安全模型、信息安全的历史和展望以及先进的信息安全技术等；安全技能培训针对性很强，专门用于提升某个单项的安全技术能力，如网络攻防培训；安全操作培训则介绍与工作密切相关的安全操作细则，会具体到某项工作或某个设备详细的安全操作规范。

然后是安全培训机构的选择，可以选择邀请厂商、合作伙伴或者专业的培训机构实施培训。为了保证培训内容的全面性，应考虑根据培训机构的特性选择不同的机构实施不同的培训内容，例如设备的安全操作培训优先选择设备厂商；安全意识和安全知识培训优先选择专业培训机构；安全技能培训优先选择安全服务合作伙伴等。同时还要考虑培训的交叉，一个培训内容可以由多家培训机构分别实施，取长补短。

单位也可以从内部选拔安全培训讲师，前提是具备讲授能力，例如参加过培训机构的类似培训，或者有长期的工作经验。

最后是安全培训的考核。应在信息安全教育和培训后实行书面的考核，确认教育和培训的效果。可以考虑将运行维护人员的培训成绩作为其相应工作考核项之一。

4. 运行维护人员工作过程约束

运行维护人员的工作过程约束通过检查、考核和惩戒来实现。

检查可以分为内查、外查和第三方检查。内查是指运行维护部门内部实施的人员互相检查；外查是指单位内部独立检查部门对运行维护部门实施的检查；第三方检查则是单位外部机构对本单位的运行维护实施检查，单位外部机构包括上级监管单位、行业监管单位和国家监管单位等，也可以是单位自己聘请的专业检查机构。

检查必须要有一个检查的参照物，如检查列表，检查的参照物一般都是各种安全管理规定和要求。检查的目的是确认实际运行维护工作与管理规定和要求的匹配程度，即是否合乎规定，简称"合规"。所以检查也可成为合规性检查。

对运行维护人员考核实施管理，应注意以下安全要求：

（1）应对所有运行维护人员进行安全意识考核；

（2）对涉及信息安全管理、检查和执行的岗位人员，应定期进行安全技能的考核，包括安全管理知识的掌握程度、所管理业务系统中安全产品的操作技能、所管理业务系统中使用的操作系统和应用软件的安全使用等；

（3）将发生的安全事故、安全检查结果和安全审计结果纳入考核内容；

（4）安全考核结果应进行存档，以便查询。

惩戒是指运行维护人员在违反单位安全管理规定和要求之后的惩罚措施。惩戒有一个很重要的工作，即事前告知。事前告知可以避免在惩戒措施实行的时候发生意外事件，更重要的是事先告知可以让运行维护人员工作之前就得知违反安全管理规定和要求的后果。在后果的威慑下，运行维护人员故意或无意违规的可能性会得到大幅度降低。

惩戒一般包括直接责任人惩戒和间接责任人惩戒。直接责任人惩戒是指当人员违反安全管理制度，依照其违规程度及影响，对其进行处罚。间接惩戒指的是未尽监管职责或辅助违规，则负连带责任。如该安全违规涉及法律层面，则还应追究该人员的刑事责任。

5. 建立安全操作指南

安全操作指南的目的是规范运行维护相关工作的操作细节，避免出现误操作，降低发生安全事件的可能性。

安全操作指南可以分为两类。一类是通用性安全操作指南，这类指南适用于所有运行维护人员，是运维通用工作的指导，如计算机安全使用、存储设备安全使用、软件下载与安装、文档管理、网络安全使用等。另外一类是专业性安全操作指南，如某业务系统安全操作指南、某设备安全操作指南、某工作安全操作指南等，这类指南只适用于相关的运行维护人员。

---◎ **小贴士** ◎---

典型的通用性安全操作指南如表 3-1 所示。

表 3-1　运行维护人员通用安全操作指南

运行维护人员通用安全操作指南			
指南责任部门	技术部	发布时间	2012-01-01
适用	适用于技术部的全部运行维护人员		
安全操作细则			
1. 存储设备			
禁止私自携带含有单位机密信息的软盘、硬盘、光盘等存储介质离开单位，需要携带此类物品离开时，须办理相关手续。 不得私自安装和使用软驱、可写光驱等可携带的外置存储设备。如需使用外置存储设备，需向部门领导提出申请，并备案			
2. 计算机			
在使用自己所属的计算机时，应该设置相关的口令。口令的设置须遵守口令管理规定。 办公计算机机箱必须使用铅块、特种螺丝、一次性封条封住，员工不应私自开启计算机机箱，如需拆机箱，需向本部门领导提出申请。 非工作配备的计算机部件不能在办公室使用，如自购的声卡、音箱、Modem、光驱、光盘、话筒、硬盘等。 工作时间严禁使用计算机从事与本职工作无关的事情			
3. 软件安装			
不得安装使用非标准软件或未经申请的软件。 必须安装、运行标准规定的防病毒软件并及时升级，对公布的防病毒措施应及时完成，不得安装未经许可的防病毒软件。安装防病毒软件后，员工应立即进行查毒、杀毒工作。 需要定期进行计算机全面病毒扫描，按照相关规定安装应用软件和补丁。 禁止使用单位规定以外的维护工具			
4. 文档管理			
严禁机器保留与工作无关的文档。 对于本机上的机密文档，应采取适当的加密措施，妥善存放。 严禁员工私自收集、泄露机密信息。 严禁私自进行文件共享			

续表

运行维护人员通用安全操作指南
安全操作细则
5. 网络使用
在自动获取 IP 地址标准配置下，员工禁止擅自配置固定 IP 地址。 因工作需要使用固定 IP 地址，须向当地网络管理员或指定授权人申请，按照管理员指定的 IP 地址进行设置。 机器网络标准协议为 TCP / IP，未经许可，不得启动除标准协议外的任何其他网络协议，如 SPX/IPX、NETBios 等。 有使用其他网络协议的需要时，应向单位安全维护工作组提出申请，并应严格按照批准的方式（包括地点、时间、使用人、环境）执行。在使用期限之后，应立即恢复为规定的网络协议配置。 不得私自拨号上网。对经批准可以拨号上网的，与外部网络连接时，使用计算机应与内部网络断开。以免来自 Internet 上的攻击影响单位网络运行。 在计算机上安装两块或多块网卡时，不得启动路由 / 网关功能。 安装的 Windows NT\Windows 2000\UNIX\Linux 等网络操作系统，不得启动动态路由（RGP\OSPF、EIGRP 等）服务。 如安装了 Windows NT、Windows 2000、UNIX、Linux 等网络操作系统，应注意查看是否安装和启动 DNS、WINS、DHCP 等网络服务，如已安装，应立即删除或禁止启动该服务
6. 系统维护
信息系统中支撑运作的各类数据均属内部保密信息，不得私自下载和对外泄露。只能在授权的情况下下载自己所负责业务范围内的系统数据，使用完毕立即删除。 不得擅自利用单位服务器资源，包括私自设立 WWW、FTP、BBS、NEWS 等应用服务，设立网上游戏服务和设立拨号接入服务。 不得私下互相转让、借用 IT 资源的账号。 对工作需要授权他人查看系统的信息时，应通过增加对方权限的方式，而不应将自己的账户和密码告诉被授权人。 在工作岗位调动或离职时，应主动移交各种系统的账号。

3.2.2　运行维护人员角色安全管理

"角色"一词源于戏剧，自 1934 年米德（G.H.Mead）首先运用角色的概念来说明个体在社会舞台上的身份，角色的概念被广泛应用于社会学与心理学的研究中。社会学对角色的定义是"与社会地位相一致的社会限度的特征和期望的集合体"。在企业管理中，组织对不同的员工有不同的期待和要求，就是企业中员工的角色。这种角色不是固定的，会随着企业的发展和企业管理的需要而不断变化，如在项目管理中，某些项目成员可能是原职能部门的领导者，在项目团队中可能角色会变为服务者。角色是一个抽象的概念，不是具体的个人，它本质上反映一种社会关系，具体的个人是一定角色的扮演者。

岗位是组织要求个体完成的一项或多项责任以及为此赋予个体的权力的总和。

角色可以由不同的职位和岗位担任，如管理者角色，可以由某个职能部门的经理，也可以由某个能力达到了角色的要求的非管理职位的员工担任。最常见的就是在项目管理中的不同角色。

通过角色的划分，能够形成一支有多层次、高水平的运行维护队伍。对于具体的运行维护人员来说，一个人可以承担一个角色，也可以承担多个角色，这将根据实际工作人员的能力而定。这样划分以后，可以将一些重复性强的工作分流出去，减轻要求较高的职位的负担，保证他们能够有一定的时间对某项管理或技术环节进行深层次的研究。同时，可以较好地解决系统管理的烦琐和技术水平提高之间的矛盾。

通常大部分单位的系统运行维护工作的人员分工还是依靠岗位来进行，为岗位赋予一项或多项责任，通过安排人员入岗来执行运行维护工作。

在纯岗位的模式下，一个具体的运行维护人员往往承担一个维护对象的所有维护任务。比

如典型的一个网络管理员，他不但需要承担特定网络设备的技术维护工作，同时还要执行部分管理工作，包括管理设备的账户、密码、授权和审计等。当管理设备数量较少时，问题尚不突显，但是管理设备达到一定量级的时候，问题就暴露出来。

首先管理多台设备的账号和密码就是一个非常烦琐的工作，由于大量的账号与密码无法记忆，通常网络管理员都会将账号与密码记录下来。无论记录方式是什么，都是一个极大的安全隐患。如果记录丢失，那么网络管理员也无法登录，或者需要重建账号并删除丢失密码的账号。如果记录被窃取，造成的安全影响之大是毋庸置疑的。

其次管理多台设备的授权，不同系统的网络设备授权方式可能根据业务的要求不一样有所不同。网络管理员需要充分了解所有业务的安全要求和授权流程，方能执行管辖范围内的网络设备的所有授权工作。

再次管理多台设备的审计，每台网络设备都会产生大量的日志和操作行为记录，网络管理员要按照规定去定期检查所有的日志，从工作量来看，基本上属于很难完成的工作任务。另外对于操作行为的审计，网络设备的主要操作行为都是网络管理员自己发起的，让自己去审计自己的操作显然是不合规的。

最后由于琐碎的细节管理工作消耗了大量的工作时间，导致网络管理员最重要的责任，即网络设备的技术维护，保证网络畅通的责任履行也出现问题。

总体来看，纯岗位的运行维护工作模式会对系统运行安全造成隐患，尤其是信息系统越来越复杂，设备数量越来越多，管理要求越来越高的时候，矛盾越发突显。

解决这个问题的最佳方式就是合理的运行维护角色划分及管理。运行维护角色的划分原则为"三权分立"。"三权分立"将运行维护的工作分为三类，第一类为运行维护操作的工作，即具体的技术维护工作，保障网络及系统稳定运行；第二类为运行维护的管理工作，包括用户管理、密码管理、授权管理、操作监控和操作审批等；第三类是运行维护的审计工作，审计工作是一个独立的工作，它用第三方的视角对运行维护实施审计，发现运行维护工作中存在的问题。

在"三权分立"的原则下，运行维护人员的角色可以划分为三类，即运行维护管理员、运行维护审计员和运行维护操作员。在纯岗位的模式下，网络管理员、系统管理员和数据库管理员等实质上承担了管辖范围内的全部三类角色，如图 3-1 所示。

图 3-1　岗位与角色关系图

角色安全管理即在运行维护中运行角色这个概念对运行维护的人员管理进行优化,提高运行维护的能力的同时提升运行维护的安全控制能力。

3.2.3   运行维护人员 AB 角管理

为了保证人员的可用性,角色的安全管理还有一项很重要的工作,就是实现角色的 AB 角管理。运行维护的 AB 角是指每一个运维角色由两人承担,分为 A 角和 B 角。A 角是角色的主角,职责是做好本角色运维工作,并对所做的运维工作承担主要责任。B 角为 A 角的配角,B 角协助或配合 A 角做好相关工作,并对所做的运维工作承担相应责任。当 A 角因外出开会、公差、公休假、病假、事假等原因不在岗位时,其运维工作任务由 B 角补位承担。同样,B 角不在位时由 A 角承担相应运维工作。AB 角相互替补,形成整体合力,保证运维工作的连续性和日常运维工作的正常运转。

在日常运维工作中推行 AB 角制,每人担任若干 A 角或 B 角,做到一人多角,定期对运维技术人员实行轮角制度,使大家工作重点突出,运维技术掌握多样全面,有利于保证日常运维工作的顺利开展,同时也提高了运维技术人员的整体水平。

3.3   外来运行维护人员安全管控

3.3.1   外来运行维护人员的定义及分类

外来运行维护人员指包括软件开发商、产品供应商、系统集成商、设备维护商和服务提供商等非本单位的运行维护人员。

外来运行维护人员的分类包括临时外来人员和长期外来人员。临时外来人员指提供短期和不频繁的技术测试、技术支持服务而临时来访的外来人员。长期外来人员指因从事合作开发的试运行维护和提供运行维护支持服务,必须在一定时间内在单位内部办公的外来人员。

3.3.2   外来运行维护人员潜在安全风险评估

为指导具体的外来运行维护人员安全管控工作,应组织人员定期评估外来运行维护人员带来的安全风险,通过安全风险的评估结果,制定具体的控制方法。

外来运行维护人员的操作包括不限于以下潜在安全风险:

（1）物理访问带来的设备、资料盗窃;

（2）误操作导致各种软硬件故障;

（3）资料、信息外传导致泄密;

（4）对计算机系统的滥用和越权访问;

（5）在信息系统植入后门;

（6）对信息系统的恶意攻击。

项目实施

3.4 运行维护人员安全管控

3.4.1 任务1：内部运行维护人员安全管控

单位的部门设置为业务部、行政部、财务部及技术部。

技术部一共8人，包含技术部经理1名、副经理1名、总工程师1名、网络管理员1名、系统管理员3名（含业务系统管理员、OA系统管理员和财务系统管理员各1名）、办公终端及设备管理员1名，各岗位的主要工作职责如表3-2所示。

表3-2 技术部岗位职责表

岗位名称	主要职责	主管领导
技术部经理	负责技术部的全面管理工作	副总经理（分管技术部）
技术部副经理	负责技术部的技术管理工作	技术部经理
总工程师	负责信息系统规划和设计工作	技术部经理
网络管理员	负责网络设备、机房和线路的运行维护工作	技术部副经理
系统管理员	负责系统的运行维护工作	技术部副经理
办公终端及设备管理员	负责办公个人终端和办公设备（含打印机、复印机、通信设备等）的运行维护工作，负责技术部资产（包括技术部日常办公文档、技术资料、软件、U盘等办公用具）的日常管理工作	技术部副经理

由于个人原因，负责OA系统运行维护的系统管理员提出离职，单位经过慎重考虑批准里系统管理员的离职申请。离职工作由行政部负责办理，财务部及技术部协助办理。

行政部规定针对技术部人员的离职办理流程如下。

（1）行政部向主管单位领导及技术部经理确认离职是否批复，如批复则执行后续程序。

（2）行政部对离职员工领用的办公用品进行回收，包括个人计算机、U盘、光盘、计算器、文件夹等办公用品。回收工作应由行政部及技术部办公终端及设备管理员共同完成。回收的设备纳入行政部统一管理，技术部如需继续使用，单独申请。

（3）技术部组织人员完成工作交接，由技术部经理签字确认。

（4）财务部组织人员完成财务结清，由财务部经理签字确认。

（5）副总经理签字确认。

由于OA系统保存了所有单位的办公信息，单位要求技术部妥善地完成上述步骤中的第三个步骤，保持OA系统稳定运行，避免信息泄露等安全事故。

同时单位从人力资源库内调取了人力数据，经过综合评定，招聘了一名新员工加入单位。该员工是一名大学毕业生，刚从学校毕业，学习过的计算机应用类知识包括基础网络、基础操作系统和计算机原理等。

单位要求技术部辅助行政部完成新员工的安全审查。同时鉴于以往对运行维护人员缺乏安全管理的现状，要求技术部以此次人员变动作为运行维护人员安全管理工作开展的契机，对该岗位安全职责进行认定，实施入岗新员工的安全培训，建立该岗位的安全责任考核。单位的运行维护人员安全管控将借助于本次的实施经验，未来在单位的技术部门进行推广。

1. 运行维护人员离职

运维人员离职工作交接除了正常的工作内容交接外，还要对离职人员的领用物品进行清点回收、对领用设备存储的数据进行清理、对离职人员管理的信息系统进行调整以及签署必要安全协议。具体步骤如下所述。

（1）清点回收领用物品。

常规办公用品由行政部负责清点回收，技术部门主要负责离职员工在运行维护工作中领用的与技术工作相关的物品进行清点，包括技术白皮书、图纸、系统设计方案、维保手册、维护工具和数据文件等，物品形式包括纸质和电子档案。此类物品的交接除了有效保证接替该岗位的员工能获得足够的运行维护支持外，还能够降低信息系统泄密的可能性。

请根据项目二中的 OA 系统描述，罗列出需要交接的与技术工作相关的物品。

◎ 小贴士 ◎

与技术相关的物品清单可按照离职员工的工作内容进行梳理。一般系统运行维护人员的基本工作会细分为主机设备维护、操作系统维护、软件维护和数据维护。

主机设备维护是指保持计算机及附属设备的良好运行状态，要定期地对主机设备进行检查和保养。

操作系统维护是指保持计算机操作系统的良好运行状态，定期对操作系统进行检查和升级。

软件维护是指保持信息系统软件的良好运行状态，定期对业务系统软件进行检查和升级。

数据维护是指对信息系统留存的数据进行定期检查、清理和优化。

（2）清理领用设备存储的数据。

对离职员工领用设备存储的数据进行清理，主要指删除个人计算机和移动硬盘、U 盘等移动存储介质上存储的数据。

对个人计算机的数据删除工作除了要删除硬盘数据外，还需要对系统进行重新初始化安装。对移动存储介质进行数据删除即可。

◎ 小贴士 ◎

数据删除有多种方式，包括采用 Delete 键删除、采用 Shift+Delete 组合键删除、数据覆盖和整盘格式化。

采用 Delete 键删除的数据会放到系统回收站，在做数据清理的时候不会采用。

采用 Shift+Delete 组合键删除的数据不会放到系统回收站进行中转，在操作系统中无法直接恢复，但是删除的数据并没有真正消失，系统只是在删除操作时针对该部分区域的扇区做了标记，如果没有新数据存储在相同扇区的话，该数据是可以被顺利恢复的。只要采用数据恢复软件对指定磁盘分区进行扫描，就可以找到删除的目录和文件，并可以完整恢复。

数据覆盖考虑到直接删除只是把该数据对应的扇区标记为不显示，而真正的信息仍然存在的情况，在直接删除数据后，再用其他数据覆盖到该扇区，实现原有数据的删除。

整盘格式化是使用系统提供的快速格式化及全面格式化功能，通过对硬盘进行格式化删除数据。快速格式化下数据仍然是存在的，完全可以被恢复，全面格式化则比快速格式化更加安全，数据恢复的难度更高。

如果要对数据进行相对彻底的删除，应交叉使用数据删除方法。例如先采用 Shift+Delete 组合键直接删除，接着用大容量文件进行数据覆盖，再对磁盘进行格式化，然后反复操作数据覆盖和格式化。

（3）调整信息系统。

对信息系统的调整主要是对离职人员使用的账号和密码进行调整，包括信息系统内的操作系统账号和密码以及软件系统的账号和密码。

如果离职员工使用的是指定的运维账号，停用或删除该账号即可。删除操作会将账号从信息系统中删除，如果有新的员工接替离职员工的工作，需要重新申请新的账号，并且配置权限。而停用则是暂停账号的使用，新员工到岗后，可解封并继续使用该账号。如果工作性质没有变化，那么停用账号会减少工作量，新员工只需要申请使用原有账号即可。但是如果工作性质有变化，删除原有账号并新建账号是更好的选择。

如果离职员工使用的是系统超级账号，不允许删除或者停用，那么就需要变更密码。

OA 系统采用的是 Windows 系统，离职员工采用的是专用运维账号"OASysMt"，请做出删除和停用该运维账号的具体步骤，请做出修改此账号和密码的具体步骤。

（4）签署安全协议。

由主管领导和该离职员工一起回顾其签订的保密协议，并使该员工明确所有保密事项，在离开公司后不得披露、使用公司的技术资料的规定以及违反规定的惩罚措施。

对于接触了单位涉密信息的员工，需要签订离职的安全承诺保证书，明确保密具体内容和保密年限。

──◎ 小贴士 ◎──

一般来说，被纳入密级管理的单位信息会包括以下几个方面。

（1）单位上级主管单位明确要求保密的文件和数据；

（2）单位的重要经营分析文件和数据；

（3）单位研发和生产的关键技术文件和数据；

（4）单位的重要客户文件和数据；

（5）单位核心信息系统的系统架构和网络结构文件和数据，以及具体的系统和网络配置文件和数据；

（6）可能会影响单位声誉的其他文件和数据。

2. 新员工安全审查

新员工的审查工作由行政部统一安排执行，安全审查是审查工作的一部分。新员工的安全审查主要包含四项工作内容，调查新员工背景、核实证书、技能考试以及签署保密协议。

─○ 小贴士 ○─

在实际的新员工审查工作安排上，一般会由人事部门统一安排执行，没有独立人事部门的，则往往由行政部门安排执行。

用人部门和人事部门/行政部门的常见工作配合方式如下。

（1）调查新员工背景。用人部门提出需要重点了解的背景内容，提交人事部门/行政部门执行。

（2）核实证书。用人部门提出需要核实的证书名称，提交人事部门/行政部门执行。

（3）技能考试。用人部门提出技能考试的形式和要求，包括形式是面试或笔试，谁负责面试或笔试的过程，谁负责对面试或笔试的结果进行评价等。人事部门/行政部门将技能考试安排进入入职的具体步骤。

（4）签署保密协议。如无特殊要求，人事部门/行政部门与新员工签署单位标准的保密协议。如果岗位有特殊要求，用人部门增加或调整标准保密协议的具体条款，在获得上级领导批准后，由人事部门/行政部门与新员工签署。

背景调查主要指从新员工的前一个单位获取新员工的基本情况。从安全管控的角度，主要是获取新员工在前一个单位的惩戒情况，不考虑录用有犯罪前科、重大行政处分记录和"黑客"经历的人员。

证书核实主要指检查新员工的证书是否真实有效，一般来说可通过颁证机构网站或者其他联系方式进行核实。从安全管控的角度，主要核实与岗位相关技能证书是否真实有效。

技能考试主要指在了解新员工知识技能构成的情况下，用面试或者笔试的方式，验证新员工技能水平是否符合单位岗位的基本技能要求。

保密协议签署主要指编制保密协议，明确岗位人员应严格遵守的相关安全管理制度、安全技术规范和保守商业机密的要求以及违约责任等，并与新员工签署。

3. 明确岗位安全职责

目前 OA 系统管理员岗位职责如表 3-3 所示。

表 3-3 OA 系统管理员岗位职责表

岗　位	OA 系统服务器维护职责	OA 系统数据维护职责
OA 系统管理员	1. 负责 OA 服务器的系统安全、硬件维护保养，OA 系统的安装； 2. 协助完成公司 OA 系统的调整、升级、修改、数据全局备份工作； 3. 对 OA 系统服务器进行定期检查，包括磁盘空间、程序版本、各业务系统模块使用情况； 4. 负责制订 OA 系统培训计划和培训教材，对公司人员进行上岗前 OA 系统相关培训工作； 5. 监控操作系统信息异常并及时做出预警和建议	1. 负责数据库的用户账号管理，对 OA 系统中所有的用户（包括 DBA 用户和普通用户）进行登记备案； 2. 负责对表、视窗、记录和域的授权工作； 3. 监控数据库运行，处理数据库故障，优化数据库； 4. 对重要数据进行备份

从具体的岗位职责中可以看出现有的岗位职责更多偏向于维持 OA 系统运行，对于安全责任的描述过于简单，如果不对安全职责进行细化描述，一方面无法对 OA 系统管理员岗位进行安全考核，另一方面会影响 OA 系统稳定安全的运行。因此需要细化描述该岗位的安全责任。

典型的岗位安全责任如表 3-4 所示。

表 3-4　OA 系统管理员岗位安全职责表

岗　　位	OA 系统服务器安全维护职责	OA 系统数据安全维护职责
OA 系统管理员	1. 根据安全策略定期对系统进行自评估； 2. 依照安全策略对系统进行安全配置和漏洞修补； 3. 对系统进行日常安全运维管理，定期更改系统账号，并定期提交安全运行维护记录或报告； 4. 在发生系统异常和安全事件时，应能对系统进行应急处置	1. 根据安全策略定期对数据库进行自评估； 2. 依照安全策略对数据库进行安全配置和漏洞修补； 3. 对数据库进行日常安全运维管理，定期检查数据库用户，并提交安全运行维护记录或报告； 4. 在发生数据库异常和安全事件时，应能对数据库以及备份数据进行应急处置和恢复

依据上述岗位安全责任描述，OA 系统管理员将准确了解应当承担的安全责任，并安排对应工作内容以履行安全责任。

4. 安全培训

一般来说，单位会有一个统一执行的培训计划，培训内容会覆盖单位的业务和管理的各项要求，信息安全培训是整体培训的必要组成部分。

在入职阶段安排的信息安全培训主要为安全意识培训及安全操作培训，安全意识培训侧重于培养新员工的安全观念，而安全操作培训则侧重于具体的工作过程，规范新员工的操作方法，操作流程以及操作结果记录和汇报。

3.4.2　任务 2：外来运行维护人员安全管控

单位的业务系统到了厂商定期巡检的时间，业务系统厂商向单位技术部业务系统管理员提出是否可以远程进行巡检。业务系统管理员经过与技术部副经理的讨论后认为：

（1）单位的业务系统经过一段时间运行，已经存储了很多重要数据，同时目前也没有技术控制手段来限制厂商远程巡检的操作，担心厂商在巡检的过程中非法获取数据；

（2）业务系统对业务开展的支撑作用越来越大，万一远程巡检出现问题，造成的系统中断不易恢复，对单位开展业务影响很大。

根据以上两点考虑，技术部认为对业务系统的巡检不适宜采用远程巡检方式，要求厂商到单位现场进行巡检。

单位要求技术部配合厂商巡检人员执行定期巡检工作，保证巡检的顺利进行，但是同时要求技术部定义负责人，全程控制厂商的巡检过程，确保不出现安全问题。

技术部申请由业务系统管理员作为本次巡检的负责人，单位批准了申请，并下发通知要求单位其他相关人员配合业务系统管理员完成巡检工作。

实施外来运行维护人员的安全管控首先在维护之前要确定外来人员的身份和责任，确定运行维护的时间，确定外来运行维护人员接入系统的方式，对实施方案进行安全检查。外来运行维护人员抵达现场后，对人员身份进行核对，对携带设备进行检查，开始运维工作后，要做全程的安全控制和操作记录。具体步骤如下。

1. 确定厂商巡检人员

确定厂商巡检人员的过程是确定厂商责任的过程，即厂商必须确认派出的是厂商授权的巡检工程师，而不是厂商巡检人员的自发行为。如果巡检出现事故，责任定位是厂商，而不是个人。确定厂商巡检人员的过程要注意如下安全控制点。

（1）明确的过程需要保留相关证据，例如往来邮件或者是厂商给授权巡检工程师开出的证明文件。

（2）要求厂商明确巡检工程师的姓名和身份证号。

（3）要求厂商提供该工程师的从业时长、从事业务系统运行维护工作的时长以及服务过的主要客户对象，以证明派出的巡检工程师是合格的工程师。

2. 确定巡检时间

巡检时间的确定主要考虑两个因素，一是降低巡检可能造成的系统影响，二是人力资源可调配。确定巡检时间主要是确定巡检的日期以及该日的时间段。

确定巡检日期要注意与业务部充分沟通，获得业务部认可后方可确认。一般来说不适宜选择在业务很繁忙或者很关键的业务推动期间进行巡检工作。

确认时间段则指选择业务系统当日最空闲的时间段执行巡检。

业务部提供的资料包含如下。

（1）图 3-2 所示为典型客户登录业务系统数量时间分布。

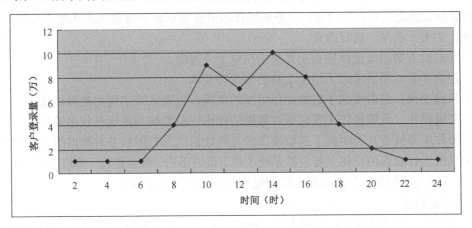

图 3-2　典型客户登录业务系统数量时间分布

（2）业务系统已经设定每天早上 3 点开始自动统计前一天业务数据，并且生成相应报表，报表生成一般会在 1 个小时内完成。

假设巡检的时间长度预计为 2 个小时，请选择进行巡检合适的时间段。

3. 确定接入方式

确定厂商巡检人员接入业务系统的方式主要包含如下内容。

（1）确定接入设备。

接入设备可以是厂商巡检人员自带的个人计算机，也可以是单位为外来人员专门准备的维护终端。

如果是厂商巡检人员自带个人计算机，需要明确对个人计算机的安全要求，例如应安装防病毒软件，不能安装与巡检工作无关的软件，特别是不能安装网络嗅探软件、漏洞扫描软件以及密码破解软件。考虑到检查自带计算机可能会有疏漏，为外来人员准备专门的维护终端则是一种更加安全的选择。

（2）确定接入 IP 地址。

为控制外来运行维护人员对设备的访问，需要单独建立 IP 段，设计访问控制规则，防止外来人员访问其他设备。

具体实现可在交换机上设置 VLAN，此 VLAN 专门用于外来人员的接入，根据外来人员的工作特性，在交换机上配置访问控制规则。如果有防火墙等专用访问控制类安全产品，则可在防火墙上实施配置。

请为本次业务系统巡检选择外来人员接入的交换机以及配置交换机访问控制的思路。

（3）确定接入账号和权限。

外来运行维护人员的账号一般是在系统内建立单独的账号，该账号为临时使用的账号，运行维护结束之后，该账号失效。

账号的初始权限设定遵循最小化原则，如果某些巡检操作需要更高级别权限，在确认该操作的必要性之后，增加相应权限。

4．检查巡检方案

厂商在巡检之前要制作出巡检方案，获得单位认可之后，后续的巡检操作严格按照方案执行。根据巡检方案定义的操作内容，业务系统管理员需要重新审视接入方式是否可以满足巡检方案需求，如果不满足，进行改正。

单位对巡检方案的安全性检查主要集中在以下 4 方面。

（1）巡检工具。是否考虑了巡检工具的安全性要求。

（2）风险处理。是否考虑了巡检操作可能的风险，以及风险出现的处理措施。

（3）关键操作。关键操作主要包括对数据的操作以及影响系统运行状态的操作。

数据操作主要检查是否明确了巡检操作涉及的数据信息范围以及对数据的操作内容。

影响系统运行状态的操作主要包括系统关机、系统重启、停止进程、重启进程、停止服务、重启服务，以及占用 CPU 和内存过大以至延缓系统运行效率的操作。

5．巡检前检查

厂商巡检人员到达现场后，要对人员身份进行核实，对人员携带的设备进行检查，并告知安全注意事项。

6．巡检过程监控

业务系统管理员作为巡检工作的负责人要全程陪同厂商巡检人员，约束厂商巡检人员的行为，主要包括：

（1）约束厂商巡检人员走动范围，不能在未获批准的情况进入特定区域，如财务室、经理办公室等。

（2）对于厂商巡检人员可以走动的范围，注意公司文件的摆放，不允许厂商巡检人员翻阅与工作无关的文件材料。

（3）不允许任何摄影和拍照的行为。

（4）巡检操作之前应说明该操作的目的及可能引起的安全风险，并由业务系统管理员确认后才能操作。

业务系统管理员要注意在巡检工作过程中的沟通内容，自觉保守公司机密，不透露业务范围之外的公司情况。如果有单位其他人员需要配合巡检，业务系统管理员也要告知其他人员此项沟通要求。

业务管理员要记录厂商巡检人员的所有操作内容,操作完成后由厂商巡检人员和业务管理员共同签字确认后存档备案。

——◎ 小贴士 ◎——

对于有特殊安全要求的信息系统,可禁止外来运行维护人员直接对网络设备和主机进行操作,外来人员可以协助(如口述操作过程)单位相关管理或操作人员完成所需操作。

学中反思

1. 在 OA 系统管理员离职的过程中,如果暂无新员工接替 OA 系统管理员的工作,单位领导需要挑选一个合适的人员进行交接,由该人员临时负责 OA 系统管理员的工作,等新员工招聘完成后,再由该人员将工作交接给新员工。交接人员可选范围为总工程师以及其他系统管理员。请思考所有可选人员进行工作交接的优缺点,选出合适的人员,并陈述理由。

2. 巡检工作由业务系统管理员负责,单位相关人员配合,请思考本次巡检工作中,单位的哪些人员会执行配合工作,配合内容是什么。

实践训练

1. 完整的信息安全培训包括安全意识培训、安全知识培训、安全技能培训和安全操作培训。假设本单位以前未进行过任何信息安全培训,请做出一个信息安全培训规划,培训规划需要明确培训内容(安全意识培训、安全知识培训、安全技能培训和安全操作培训)的先后次序和培训范围(业务部、财务部、行政部、技术部、单位高管),并陈述规划的理由。

2. 请综合安全控制内容,按照外来运行维护人员可能带来的风险类别实施分析,完成下表的控制措施,控制措施按条目形式编写。

潜在安全风险	控制措施
物理访问带来的设备、资料盗窃	
误操作导致各种软硬件故障	
资料、信息外传导致泄密	
对计算机系统的滥用和越权访问	
在信息系统植入后门	
对信息系统的恶意攻击	

系统运维安全管控平台配置

知识目标

- 了解运维安全管控类产品的主要功能
- 了解身份认证的典型技术
- 了解运维账号的管理方法和常用的运维访问协议
- 掌握主从账号的管理模式
- 了解常见的密码安全策略
- 了解自动改密的管理方法
- 了解授权的含义及基本的授权元素
- 了解访问控制的常见方法
- 掌握 RBAC 的访问控制思想

技能目标

- 掌握运维安全管控平台的人员管理配置方法
- 掌握运维账号配置和身份认证的配置方法
- 掌握通过运维安全管控平台进行主机管理的配置过程
- 掌握在运维安全管控平台添加主机设备的方法
- 掌握系统运维安全管控平台的访问权限配置方法

项目描述

单位 OA 服务器发生故障，技术部在第一时间做出响应，终于在服务中断 5 小时后故障得到解决，服务恢复正常。此次故障是由于系统配置错误导致，技术部在事后对配置错误进行调查，领导对所有可能操作的运维人员进行询问，不过各个运维人员之间互相推诿，领导无法认定责任人。

目前单位的运维管理较为混乱，运维人员共用一个系统账号，出现安全事故时相互推诿，无法确定事故责任人。现有的运维管理采用人工方式存在明显问题，因此领导开会决定，采用运维安全管控平台方案，通过运维安全管控平台实现运维人员管理功能、主机管理功能、权限管理功能以及自动改密功能。

4.1　系统运维安全管控平台

系统运行维护安全管控常见产品较多，主流的厂商包括思福迪、启明星辰等。尽管产品较多，但是主体功能都是一致的，都包括对运维人员的管理、对设备的管理、对运维操作的监控以及结果数据的审计。

下面以思福迪运维安全管理系统产品为例介绍该类产品。

思福迪运维安全管理系统采用软硬件一体化设计，通过 B/S 方式（https）进行管理，支持多种远程维护方式，如字符终端方式（SSH、Telnet、Rlogin）、图形方式（RDP、X11、VNC、Radmin、pcAnywhere）、文件传输（FTP、SFTP）以及多种主流数据库的访问操作。

思福迪运维安全管理系统采用模块化设计，主要由以下模块组成：行为控制模块、审计模块、管理模块、存储模块、用户管理接口模块，各模块间关系如图 4-1 所示。

行为控制模块：实现对网络、数据库、服务器维护过程的底层网络数据包代理转发、行为还原及记录、违规行为阻断功能。

管理模块：实现运行维护用户管理、主机资产管理、用户授权与访问权限管理，以及对审计记录的数据存储控制功能。

审计模块：实现行为安全审计功能，包括实时违规行为告警系统、历史记录检索系统以及报表系统。

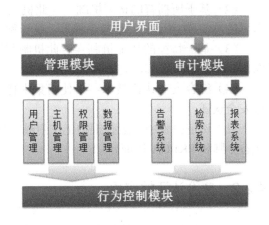

图 4-1　系统架构图

用户界面：提供运维人员审计管理接口，以及运维用户的远程工具使用界面。

在运行维护主体安全管控方面，思福迪运维安全管理系统可根据企业运维部门的情况设立用户组，建立运维账号，实施运维角色管理，并支持多种身份认证技术。

在运行维护对象安全管控方面，思福迪运维安全管理系统支持建立设备清单，对设备进行分组，对运维接入系统的账号、密码和协议进行统一管理，并支持自动改密计划。

在运行维护操作过程安全管控方面，思福迪运维安全管理系统支持向导式配置，通过建立黑名单和白名单支持细粒度授权，并支持操作控制，包括阻断操作、忽略操作、操作二次审批等，也能支持同步监视和告警。同时思福迪运维安全管理系统建立消息中心用于支持运维流程，包括下发运维任务、协同操作和任务审批等。

在运行维护操作结果安全管控方面，思福迪运维安全管理系统支持对整个运行维护过程的全面审计，记录所有操作内容和返回信息，支持检索及报表。结果数据呈现上支持日志条目记录形式，也支持过程录像回放。

4.2 身份认证技术

4.2.1 身份认证典型技术

计算机网络世界中一切信息包括用户的身份信息都是用一组特定的数据来表示的,计算机只能识别用户的数字身份,所有对用户的授权也是针对用户数字身份的授权。

如何保证以数字身份进行操作的操作者就是这个数字身份合法拥有者,也就是说保证操作者的物理身份与数字身份相对应,身份认证就是为了解决这个问题,作为防护网络资产的第一道关口,身份认证有着举足轻重的作用。

鉴别和认证典型技术有以下几种。

(1)基于所知的认证机制——此机制基于用户所知道的信息进行认证,如口令,是最典型的、最经济的鉴别机制。在各种系统中一般都默认使用这个机制。

(2)基于所拥有的认证机制——此机制基于用户所拥有的事务进行认证,如 IP 地址、磁卡、IC 卡、数字证书、动态令牌等,是一种较强的认证机制。

(3)基于特征的认证机制——此机制基于用户的特征进行认证,如生物特征认证,包括面部、眼睛、声音等,是一种强认证机制。

(4)综合安全认证技术——使用集中化的手段管理用户身份,使用多种认证技术综合进行安全认证。

以上认证技术中在运行维护工作中最常使用的是用户名口令认证、基于 IP 地址的认证、动态令牌和 PKI/CA 认证。

4.2.2 身份认证的应用

在系统运行维护阶段引入身份认证对运行维护人员实施认证的方式多种多样,可以采用一种技术,也可以采用多种技术的结合。对选取何种认证技术的影响因素主要包括安全要求、用户接受度和资源投入。

(1)安全要求。

考虑身份认证的安全性,以确保验证机制安全可靠,这听上去有些多余,但是能让你进一步确定整个验证环节中不存在安全弱点。目前市场上很多产品会将关键内容以明文形式存放,比如存放在令牌或智能卡上,或者存放在后端服务器上。这对于数据来说非常危险,因为一旦数据遭到窃取,受害人基本无法修改这些数据以避免未来身份被盗用的风险。

(2)用户接受度。

用户接受度就是用户的接受程度,也可以称为"用户排斥度"。例如,对于大多数人来说,潜意识中都比较排斥和拒绝别人对自己进行的身体特征的扫描行为。另外对于体积笨重的身份识别设备,人们也不喜欢随身携带,那些会影响到人们正常工作和生活流程的验证步骤,他们也比较排斥。这些反对的声音可以通过适当的管理策略来调和或强制实施,另一些则需要通过教育,改变人们的思维观念和态度。

(3)资源投入。

资源投入考虑的就是成本问题。与直接购买软件的许可证相比,实施身份认证系统会涉及一些隐性成本。例如，可能需要考虑到硬件设备分发的成本（口令卡，智能卡或生物特征识别器），或者涉及生物特征识别的合理的成本。另外，技术支持的成本也要计算在内，因为能够想象到在整套机制部署过程甚至部署完成后的一定时期内，要求技术支持的电话都会很频繁。

事先评估解决方案的成本将有助于防止项目经费超过预算。对于那些没有合适的风险管控机制，以及对企业最重要的资产和数据到底是什么或者存放在哪里都不清楚的企业领导来说，事先评估尤其重要。当然，也有可能你的项目成本就是企业的运营成本，尤其是在一些高度规范的行业，如金融行业、运营商等行业。

我们需要做到的是，在成本和复杂性与可信任、兼容性和可靠性之间取得平衡。而在另外一些情况中，通常的惯例和兼容性坚持的标准会明显指示我们应该选择哪种认证类型。

对于一个企业来说，通常最好的方案是引入一个两种或更多不同认证方式的组合，使其相辅相成。在很多时候都需要依靠企业自己来做出一个明智的和适宜的决定。多种认证方对比表如表 4-1 所示。

表 4-1　多种认证方对比表

认证方式 对比项	用户名与口令	PIN 码认证	CHAP 认证	USBKEY 认证	生物识别认证	动态令牌认证
密码	一些只有用户才知道的东西	一些只有用户才知道的东西	一些只有用户才知道的东西	一些只有用户才拥有的东西	用户不可能忘记的生物和行为方式	一些只有用户才拥有的东西
好处	兼容所有的系统	便于记忆，同时很安全，尤其在与 USBKEY 结合使用时	在 Internet 上安全传送	比单一记忆式密码更安全	比单一记忆式密码更安全	比单一记忆式密码更安全
	大多时候便于记忆	可以在公共网络间安全传送	与路由器和一般服务器设备兼容		有效防御大多数一般的攻击行为	有效防御大多数一般的攻击行为
			可以安装在几乎所有 Internet 网关上		完全防御背后窥视造成的攻击	不需要读卡器
			与大多数的 PPP 客户端软件兼容			
弊端	易被滥用和截获	一般需要专门的硬件和卡式系统	不能够确定人类用户的身份	价格昂贵	高管理费用	管理成本要比记忆式密码高
	不能在公共网络之间安全传送	不同的设备之间不能兼容	不能与大多数的主机和微机的登录系统兼容	兼容性是一个棘手的问题	仅限于小型的、高度用户化的系统	认证器容易丢失或被盗
			主要适用于小型的、用户化的系统		在各处都有留下生物密码（指纹、声音）的危险	不能够有效防御背后窥视造成的攻击

续表

对比项 / 认证方式		用户名与口令	PIN 码认证	CHAP 认证	USBKEY 认证	生物识别认证	动态令牌认证
弊端						在未来的 10 年、20 年、30 年内一个加密的生物密码有可能被"cracked"，这将使密码失效	易受到重现攻击
							比事件同步认证要投入更多的管理。
安全性		差	一般	一般	好	一般	好
兼容性		好	差	好	差	差	好
易使用或易管理		好	一般	一般	差	差	一般
衡量记忆式密码	1. 密码只有相应的用户知道并且不以明文的形式在任何地点留下记录	中等	好	好	好	中等	中等
	2. 使用环境不允许储存和重现密码	差	好	好	好	好	中等
	3. 密码不易被身边的用户窃取	差	中等	差	中等	好	差
	4. 密码肯定不会在其他的计算机上使用	差	好	中等	好	差	中等
	密码在传输的过程中不会暴露	差	好	好	好	差	中等
应用环境		适用于所有行业	广泛应用于银行信用卡和自动提款机的配合使用上	适用于网络设备间传输	适用于所有行业	适用于小型化和高度用户化的系统如金融、军队、高机密单位等	适用于所有行业

4.3 账号及访问协议

4.3.1 账号

一般信息系统的账号管理是直接在系统相关的设备上为运行维护人员开放账号，一般有两种处理方法。

第一种方法是为每个运行维护人员在系统上分别创建账号,这种方法的好处是运维人员各自使用各自的账号,互不冲突,发生问题时可以追查到具体的维护人员;缺点是需要为每个运维的每个人员在系统上划分权限,管理上比较复杂。同时信息系统开放的账号过多,任何一个账号产生问题都会危及系统。

第二种方法是在系统根据运行维护工作要求只创建一个或几个运维账号,这些账号所有需要执行运行维护工作的人员共同使用。这种方法的优缺点与第一种方法相反,有点是权限管理简单化,只需要设定一个或几个运维账号的权限;信息系统开放的账号也很少,降低了安全风险。缺点则是当发生问题时,只能追查到账号,而不能追查到个人。

以上两种方法都有明显的缺点,现在在运行维护工作上通常使用的是主从账号机制,该机制具备以上两种方法的优点,避免了缺点,但是需要建立一个用户管理的平台来实现。主从账号工作机制如下。

首先建立"主账号",在用户管理平台上为用户(按需访问系统的内部人员和第三方合作伙伴运维人员)创建"主账号",作为用户的唯一身份标识,该账号是直接对应运行维护自然人的。

其次在信息系统具体的设备上创建"从账号",从账号对应维护工作角色的。

最后就是主从账号关联,将主账号与从账号关联起来,典型示例如下。

场景:"张三是服务器 A、B、C 的系统管理员,单位规定系统管理员都通过运维安全管控平台对服务器进行维护操作,服务器 A 的系统账号是 administrator,张三在平台上的账号是 zhangsan。"

在以上场景中,张三的主账号是系统运维安全管控平台上的 zhangsan,从账号是三个服务器的系统账号 administrator,关联的含义是每个运维操作都会记录下该操作的关联主账号及从账号,关联后的效果示例为"张三使用 zhangsan 账号登录,并使用 administrator 账号对服务器进行了维护"。

主从账号模式下,在信息系统具体设备上无须创建大量账号,只确定与运行维护相关的一个或几个账号(如为设备的系统管理工作创建一个系统管理员,如果在设备上还有数据库,再创建一个数据库管理员账号即可,无须有几个运维人员就创建几个账号)即可,但是通过主从账号关联,又可以定位出操作的对应操作人员是谁。通过账号管理的主从账号模式,能大量简化认证和授权的管理及配置工作,增强维护的安全性。

4.3.2 访问协议

Windows 系统的远程运维协议包括 RDP、Telnet、FTP 等,其中 RDP 是最为常用的一种 Windows 运维协议,其可以方便地进行系统操作和文件传输工作。

Linux/UNIX 系统的远程运维协议包括 SSH、Telnet、VNC、FTP 等,其中 SSH 和 VNC 是常用的两个运维协议,SSH 可以方便地进行指令操作和文件传输,VNC 则可以进行图形操作。

交换机路由器等网络设备的运维协议包括 Telnet、SSH、AUX,AUX 接口通常需要配置远程拨号连接,一般常用的是采用 SSH 或 Telnet 协议。

一般而言,单位要根据设备的特性及管理要求,统一设备的运维访问协议。统一访问协议能够有效简化管理和提高设备的安全性。

4.4 权限管理

4.4.1 授权

授权是组织运作的关键，它是以人为对象，将完成某项工作所必需的权力授给部属人员。即主管将处理用人、用钱、做事、交涉、协调等决策权移转给部属，不只授予权力，且还托付完成该项工作的必要责任。组织中的不同层级有不同的职权，权限则会在不同的层级间流动，因而产生授权的问题。授权是管理人的重要任务之一，有效的授权是一项重要的管理技巧，若授权得当，所有参与者均可受惠。

管理的最终目标在于提高经营绩效，许多管理思想的发展，均针对效率的提高而来，近一百多年的管理研究与实践，可归纳出管理的两大原则：专门化与人性化。在现今管理绩效的追求必须同时兼故此两种原则，企业除了应奉行专门化的原则外，还要设法注入人性论的技巧，才可使经营效率达于满意状态。管理者在进行种种决策，运用资源及协调工作上，最重要的是要有授权与目标管理的观念，有授权的观念才可达到专门化与人性论的两大原则。

每个运行维护工作授权都是由具体的多个授权条目来构成的，这些授权条目的组合构成了执行工作的基本条件。

授权条目规定了一个授权的细节内容，包括如下授权元素：

（1）针对访问主体的授权，授权元素包括账号（主账号）、角色和来源 IP 等

（2）针对访问对象的授权，授权元素包括账号（从账号）、目标主机、目标主机群组、目标 IP 等

（3）针对操作过程的授权，授权元素包括指令、指令集、操作时间等

（4）针对操作结果的授权，即能访问结果数据集的权限，授权元素可以包含前述的所有元素，但是一般情况下使用最多的元素是主账号、目标主机、目标主机群组。

授权元素包括账号（主账号）、来源 IP、目标主机账号（从账号）、目标主机和指令。

4.4.2 访问控制

访问控制是通过某种途径准许或限制访问能力及范围的一种方法，通过访问控制能够防范越权使用资源，限制对关键资源的访问，还可以防止非法用户入侵，或合法用户的不慎操作引起的破坏。访问控制包括自主访问控制（Discretionary Access Control，DAC）、强制访问控制（Mandatory Access Control，MAC）和基于角色的访问控制（Role-Based Access Control，RBAC）。

自主访问控制是指由系统提供用户有权对自身所创建的访问对象进行访问，并有权将对这些对象的访问权授予其他用户和从授予权限的用户收回其访问权限。访问对象的创建者还有权进行授权转让，即将授予其他用户访问权限的权限转让给别的用户。

强制访问控制是指由系统对用户所创建的对象进行统一的强制性控制，按照确定的规则决定哪些用户可以对哪些对象进行哪些操作类型的访问，即使是创建者用户，在创建一个对象后，也可能无权访问该对象。

基于角色的访问控制作为传统访问控制（自主访问、强制访问）的有前景的代替受到广泛

的关注。在 RBAC 中，权限与角色相关联，用户通过成为适当角色的成员而得到这些角色的权限，这就极大地简化了权限的管理。在一个组织中，角色是为了完成各种工作而创造，用户则依据它的责任和资格来被指派相应的角色，用户可以很容易地从一个角色被指派到另一个角色。角色可依新的需求和系统的合并而赋予新的权限，而权限也可根据需要而从某角色中回收。角色与角色的关系可以建立起来以囊括更广泛的客观情况。

RBAC 的基本思想是授权给用户的访问权限，通常由用户在一个组织中担当的角色来确定。RBAC 中许可被授权给角色，角色被授权给用户，用户不直接与许可关联。RBAC 对访问权限的授权由管理员统一管理，RBAC 根据用户在组织内所处的角色做出访问授权与控制，授权规定是强加给用户的，用户不能自主地将访问权限传给他人，这是一种非自主型集中式访问控制方式。例如，在医院里，医生这个角色可以开处方，但他无权将开处方的权力传给护士。

在 RBAC 中，用户标识对于身份认证以及审计记录是十分有用的，但真正决定访问权限的是用户对应的角色标识。用户能够对一客体执行访问操作的必要条件是，该用户被授权了一定的角色，其中有一个在当前时刻处于活跃状态，而且这个角色对客体拥有相应的访问权限。即 RBAC 以角色作为访问控制的主体，用户以什么样的角色对资源进行访问，决定了用户可执行何种操作。

传统访问控制的访问控制列表直接将主体和受控客体相联系，而 RBAC 在中间加入了角色，通过角色沟通主体与客体。分层的优点是当主体发生变化时，只需修改主体与角色之间的关联而不必修改角色与客体的关联。

RBAC 认为权限授权实际上是 Who、What、How 的问题。在 RBAC 模型中，Who、What、How 构成了访问权限三元组，也就是"Who 对 What（Which）进行 How 的操作"。

基于角色访问控制的要素包括用户、角色、许可等基本定义，如图 4-2 所示。

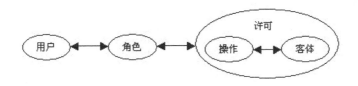

图 4-2　RBAC 要素

在 RBAC 中，用户就是一个可以独立访问计算机系统中的数据或者用数据表示的其他资源的主体。角色是指一个组织或任务中的工作或者位置，它代表了一种权利、资格和责任。许可（特权）就是允许对一个或多个客体执行的操作。一个用户可经授权而拥有多个角色，一个角色可由多个用户构成；每个角色可拥有多种许可，每个许可也可授权给多个不同的角色。每个操作可施加于多个客体（受控对象），每个客体也可以接受多个操作。

4.5　密码管理

4.5.1　密码安全

良好的密码设置能够有效防止运维账号的密码安全风险，常见的密码安全策略包括以下几种。

（1）密码最小长度：限定账户的密码最小长度，一般而言最少 8 位。

（2）密码使用期限：限定密码的使用时长，超过时长则需要变更密码。

（3）密码复杂性要求：限定密码的构成，例如是否一个密码需要同时包含大小写字母、数字或特殊符号。

（4）密码重复策略：限定在修改密码时新密码不能与之前使用过的密码重复。

（5）账户锁定策略：限定一段时间内，账户连续输错密码多次后，将该账户锁定（即停用），必须有相关管理员解锁或者开启自动解锁功能才能再次使用。

（6）账户自动解锁：当账户因连续输错密码而被锁定时，被锁定的账户将在多长一段时间后自动解锁或者不做自动解锁。

4.5.2 自动改密码

在实际运行维护工作中，同时需要管理所有账号的大量密码，其管理工作量很大，复杂度也高。所以目前运行维护管理中对密码的管理会采用工具支持的自动化管理，即使用自动改密类工具。自动改密工具能够按照单位的密码策略对密码自动管理，包括按照密码长度、复杂度和重复策略自动设定符合策略的密码，对系统的密码进行自动的修改，对达到使用期限的密码进行提示，形成改密计划对密码进行周期性自动修改等。

在自动改密工具的支持下，运行维护人员只需要记忆主账号的密码就可以实现对所有授权范围内设备的维护。同时设备上的密码也能完全满足单位密码管理要求，自动改密工具生成的密码是加密存储的，除了密码管理员，所有其他人都无法知道设备的密码，极大降低了设备从账号被盗用的风险。

项目实施

4.6 系统运维安全管控平台配置

系统运维安全管控平台的配置任务主要包括人员管理配置、主机管理配置、权限管理配置及自动改密码配置等，具体实施步骤如下所述。

4.6.1 任务 1：人员管理配置

技术部经过对多家运维安全管控平台的测试，最终选择了思福迪运维安全管控平台。运维安全管控平台上线后，技术部领导决定开始实施技术部人员管理，规范运维账号的工作正式展开了。

目前技术部需要通过运维安全管控平台管理的人员包括网络管理员 1 名及系统管理员 3 名（含业务系统管理员、OA 系统管理员和财务系统管理员各 1 名）。为了增加身份认证强度，提升系统安全性，3 名系统管理员需要配置 USBKEY 数字证书认证。

表 4-2 为运维安全管控平台所需要配置的人员信息。

表 4-2 运维安全管控平台人员列表

姓名	运维账户	岗位	认证方式
王彬	wangbin	网络管理员	本地静态口令
王欢	wanghuan	系统管理员	USBKEY 认证
张超	zhangchao	系统管理员	USBKEY 认证
刘迪	liudi	系统管理员	USBKEY 认证

1. 运维人员账户配置

（1）打开 IE 浏览器，输入运维安全管控平台的地址，如 https://192.168.1.30。

输入系统管理员用户名"system"与密码"12345678"后，单击"登录"按钮即可，如图 4-3 所示。

图 4-3　运维安全管控平台登录页面

（2）导航至运维用户添加页面。

在运维安全管控平台页面单击"用户管理"→"运维用户"→"添加"按钮，如图 4-4 所示。

图 4-4　用户管理页面

（3）添加王彬的运维账号。

在运维用户添加表单中依次输入内容，如表 4-3 所示。

表 4-3　王彬运维用户表单填写信息

表单项	填写内容	备注
账号	wangbin	输入运维用户的登录账号
姓名	王彬	输入运维用户真实的姓名
部门	技术部	输入运维用户所属部门
手机	13021111111	输入运维用户手机号码
E-mail	wangbin@test.com	输入运维用户的邮箱
密码设置	12345678	输入运维用户的登录密码
密码确认	12345678	确认运维用户的登录密码

表单项	填写内容	备注
只限 USBKEY 登录	不选中	选中后该运维用户启用 USBKEY 认证
配置管理员	默认	选择该运维用户所属的配置管理员
描述	可不填	填写账号描述
启用有效期至	默认	配置临时用户时需要启用

填写完成后单击"保存"按钮，效果如图 4-5 所示。

图 4-5 添加王彬的运维账号

◎ 小贴士 ◎

账号可用运维人员姓名的全拼，如张三的账号为"zhangsan"。账号名必须为唯一，如果存在姓名相同的运维人员，那么账号则可以通过加缀数字的方式区分，如"zhangsan_1""zhangsan_2"。

（4）添加其他运维账号。

请根据添加王彬账号的步骤，完成王欢、张超、刘迪的账号添加，添加的信息如表 4-4 所示。

表 4-4 运维用户表单填写信息

姓 名 表单项	王欢	张超	刘迪
账号	wanghuan	zhangchao	liudi
姓名	王欢	张超	刘迪
部门	技术部	技术部	技术部
手机	13321111112	13621111113	13721111114
E-mail	wanghuan@test.com	zhangchao@test.com	liudi@test.com
密码设置	12345678	12345678	12345678
密码确认	12345678	12345678	12345678
只限 USBKEY 登录	不选中	不选中	不选中
配置管理员	默认	默认	默认
描述	可不填	可不填	可不填
启用有效期至	默认	默认	默认

2. 运维人员 USBKEY 认证配置

（1）打开用户编辑页面。

在运维安全管控平台页面单击"用户管理"→"运维用户"，鼠标移动到王欢的运维账号上后，单击"编辑"按钮，如图 4-6 所示。

图 4-6　用户编辑页面

（2）配置王欢的 USBKEY 认证。

在王欢的运维账户编辑页面，选中"只限 USBKEY 登录"复选框，单击"保存"按钮后，如图 4-7 所示。

图 4-7　配置 USBKEY 登录页面

（3）生成王欢使用的 USBKEY。

将未使用的 USBKEY 介质插入系统管理员的运维终端,待 USBKEY 驱动程序安装完成后，打开运维安全管控平台的 Web 界面，在王欢的运维账户编辑页面，单击"修改 pin 码"按钮，输入两次 pin 码后单击"确定"按钮，提示"修改成功"，此时该 USBKEY 已经写入完成，将作为王欢的 USBKEY 认证介质在他每次登录运维安全管控平台时使用，如图 4-8 所示。

图 4-8　生成 USBKEY 界面

（4）配置其他运维用户的 USBKEY 认证。

根据王欢的 USBKEY 认证登录配置步骤，完成张超和刘迪的 USBKEY 认证配置。

3．运维账号登录

（1）王彬的运维账号登录。

打开 IE 浏览器，输入运维安全管控平台的地址，如 https://192.168.1.30。

输入运维人员账号"wangbin"与密码"12345678"后，单击"登录"按钮即可，登录后如图 4-9 所示。

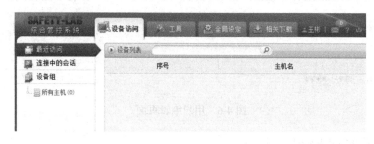

图 4-9　运维人员设备访问页面

（2）王欢的运维账号登录。

由于王欢的运维账号认证方式为 USBKEY 认证，所以如果直接通过上述页面方式进行登录将出现如图 4-10 所示的提示框。

正确的登录方式应该通过运维安全管理客户端，并将 USBKEY 插入计算机，再进行登录，具体步骤如下。

① 下载运维安全管理客户端。打开 IE 浏览器，输入运维安全管控平台的地址，如 https://192.168.1.30。

使用身份认证方式为用户名口令认证的用户登录 Web 页面，在页面菜单栏中单击"相关下载"按钮即可打开软件下载页面，如图 4-11 所示。

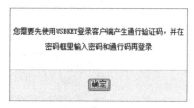

图 4-10　USBKEY 页面登录提示

图 4-11　运维安全管控平台软件下载链接页面

进入如图 4-12 所示的页面，单击"运维安全管理客户端"即可开始进行客户端下载。

图 4-12　运维安全管理客户端下载

② 安装运维安全管理客户端。运维安全管理客户端下载完成后，双击客户端即可开始进行软件安装，如图 4-13 所示。

图 4-13　开始安装运维安全管理客户端

单击"下一步"按钮，在弹出如图 4-14 所示的页面中，选择安装文件夹后单击"下一步"按钮。

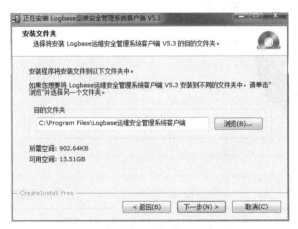

图 4-14　客户端安装目的文件夹选择页面

在图 4-15 中，单击"安装"按钮，开始进行客户端安装。

客户端完成安装后，显示如图 4-16 所示的客户端安装完成页面"，单击"完成"按钮，退出客户端安装程序。

③ 运维账号登录。插入王欢所持有的 USBKEY，并打开运维安全管理客户端，输入如下信息。

系统地址：192.168.1.30 （注：运维安全管控平台的 IP 地址）

用户名：wanghuan （注：登录的账号名）

密码：12345678 （注：账号名对应的密码）

PIN 码：12345678 （注：USBKEY 的 PIN 码）

输入上述信息后，单击"确定"按钮。USBKEY 登录输入信息如图 4-17 所示。

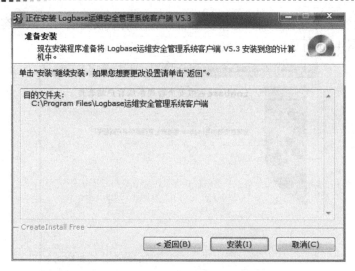

图 4-15　客户端准备安装页面

图 4-16　客户端安装完成页面

登录成功后如图 4-18 所示，单击"登录 WEB"按钮即可打开 Web 页面，如图 4-19 所示。

图 4-17　USBKEY 登录输入信息

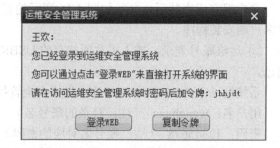

图 4-18　客户端 USBKEY 验证成功页面

图 4-19 运维人员设备访问页面

4.6.2 任务 2：主机管理配置

单位已经针对诸多的设备管理问题采取了相应的措施，如建立设备总表，实施设备安全配置等，目前设备的管理问题日益减少，设备管理井然有序，不过这些安全措施依然无法解决设备运维过程中出现的安全问题，因此需要通过运维安全管控平台管理设备的运维过程，进一步保障设备的安全性。

单位应用了运维安全管控平台后，为了发挥其运维安全管控作用，单位运维人员及主机系统都需要交由其管理。单位进行的运维人员管理配置已经完成，下面需要进行主机管理功能配置。

目前单位包含的设备有 OA 服务器 1 台、财务服务器 1 台、业务服务器 1 台、交换机 2 台、路由器 1 台以及办公用个人计算机 32 台。其中需要通过运维安全管控平台管理的设备及设备信息如表 4-5 所示。

表 4-5 设备详细信息

信息项 服务器	主机类型	主机名	IP 地址/掩码	访问协议:端口	用户名/密码
OA 服务器	Windows	OA 服务器	192.168.1.50/24	RDP:3389	Administrator /!QAZ1qaz
财务服务器	Windows	财务服务器	192.168.1.51/24	RDP:3389	Administrator /*UHB7ygv
业务服务器	Linux	业务服务器	192.168.1.54/24	SSH:22/ VNC:5900	root/%TGB6yhn 无用户/logbase
核心交换机	Cisco IOS	核心交换机	192.168.1.200/24	TELNET:23	无用户/logbase
办公交换机	Cisco IOS	办公交换机	192.168.0.1/24	TELNET:23	无用户/logbase
路由器	Cisco IOS	路由器	192.168.2.1/24	TELNET:23	无用户/logbase

要在运维安全管控平台实现主机管理，即需要在平台进行主机系统的添加，包括账号的添加，具体步骤如下所述。

1. 业务服务器的添加配置

（1）打开 IE 浏览器，输入运维安全管控平台的地址，如 https://192.168.1.30。

输入系统管理员用户名"system"与密码"12345678"后，单击"登录"按钮即可。运维安全管控平台登录页面如图 4-20 所示。

图 4-20　运维安全管控平台登录页面

（2）导航至主机管理页面。

在运维安全管控平台页面单击"主机管理"→"主机列表"→"添加"按钮，如图 4-21 所示。

图 4-21　主机管理页面

（3）添加业务服务器。

在主机添加的"主机属性"表单中依次输入的信息，如表 4-6 所示。

表 4-6　业务服务器主机属性表单填写信息

表单项	填写内容	备注
主机 IP	192.168.1.54	输入设备的 IP 地址
主机名	业务服务器	输入设备的主机名
主机类型	Linux	选择设备的主机类型（如 Windows、Linux、Cisco IOS 等）
访问方式	SSH:22/VNC:5900	选择设备的访问方式（如 SSH、RDP、VNC、Telnet 等）

其他主机属性信息默认即可，业务服务器主机属性添加页面如图 4-22 所示。

"主机属性"信息添加完毕后，需要添加"账号设置"表单项，添加步骤如下。

① 添加 VNC 账号。

添加 VNC 账号时，需要输入的信息如下。

账号：选中"空账号"复选框（注：输入 VNC 的连接账号，如无用户则选中"空账号"复选框）。

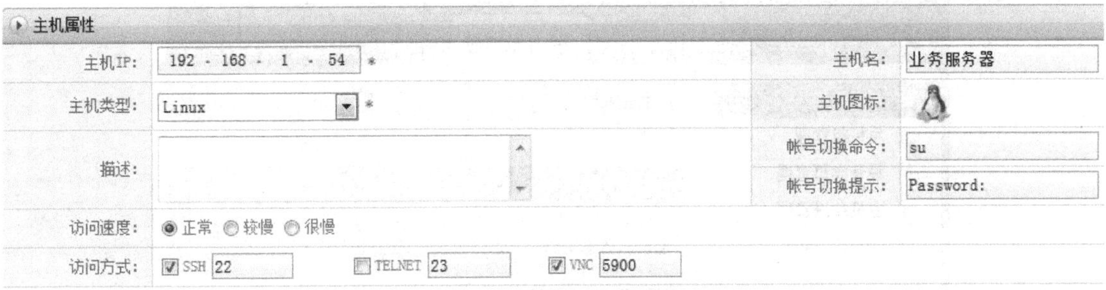

图 4-22　业务服务器主机属性添加页面

密码：logbase　（注：输入 VNC 的连接密码）

密码确认：logbase　（注：输入 VNC 的连接密码）

访问方式：选中"VNC"复选框（注：选择上述账号对应的连接协议）

输入完成后，单击"添加"按钮即可。业务服务器 VNC 账号添加页面如图 4-23 所示。

② 添加 SSH 账号。添加 SSH 账号时，需要输入的信息如下。

账号：root　（注：输入 SSH 的连接账号）。

密码：%TGB6yhn（注：输入 SSH 的连接密码）。

密码确认：%TGB6yhn　（注：输入 SSH 的连接密码）。

访问方式：选中"SSH"复选框（注：选择上述账号对应的连接协议）。

输入完成后，单击"添加"→"保存"按钮，即完成业务服务器的主机信息添加，业务服务器 SSH 账号添加页面如图 4-24 所示。

图 4-23　业务服务器 VNC 账号添加页面 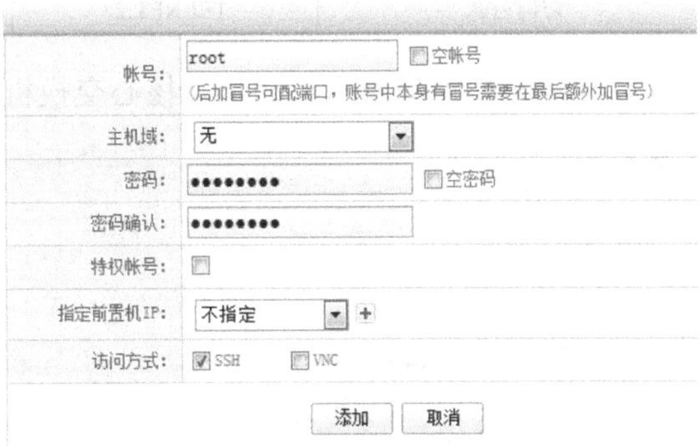　　　图 4-24　业务服务器 SSH 账号添加页面

（4）添加 OA 服务器和财务服务器。

请根据业务服务器的添加步骤，完成 OA 服务器和财务服务器的添加，添加的信息参照表 4-4 所示。

2. 核心交换机的添加配置

（1）导航至主机管理页面。

在运维安全管控平台页面单击"主机管理"→"主机列表"→"添加"按钮，如图 4-25 所示。

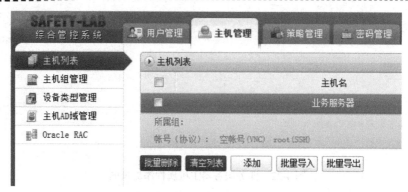

图 4-25　主机管理页面

（2）添加核心交换机。

在主机添加的"主机属性"表单中依次输入的信息如表 4-7 所示。

表 4-7　核心交换机主机属性表单填写信息

表 单 项	填 写 内 容	备 注
主机 IP	192.168.1.200	输入设备的 IP 地址
主机名	核心交换机	输入设备的主机名
主机类型	Cisco IOS	选择设备的主机类型（如 Windows、Linux、Cisco IOS 等）
账号切换命令	留空	留空即可，否则将无法使用 en 命令进行账号切换
账号切换提示	留空	留空即可
模式设定	无用户模式	选择 Cisco 设备的连接模式，其他选项默认即可
访问方式	TELNET:23	选择设备的访问方式（如 SSH、RDP、VNC、Telnet 等）

其他主机属性信息默认即可，核心交换机主机属性添加页面如图 4-26 所示。

图 4-26　核心交换机主机属性添加页面

"主机属性"信息添加完毕后，需要添加"账号设置"表单项，添加步骤如下。

添加账号时，需要输入的信息如下。

账号：选中"空账号"复选框（注：输入 Telnet 的连接账号，如无用户则选中"空账号"复选框）。

密码：logbase（注：输入 Telnet 的连接密码）。

密码确认：logbase （注：输入 Telnet 的连接密码）。

访问方式：选中"TELNET"复选框（注：选择上述账号对应的连接协议）。

输入完成后，单击"添加"→"保存"按钮，即完成核心交换机的主机信息添加，如图 4-27 所示。

图 4-27　核心交换机账号添加页面

（3）添加办公交换机和路由器。

根据核心交换机的添加步骤，完成办公交换机和路由器的添加，添加的信息参照表 4-4 所示。

4.6.3　任务 3：权限管理配置

单位在完成运维账号和主机账号的梳理后，开始着手准备利用系统运维安全管控平台进行运维的权限管理。单位的基本要求是通过强制统一的技术控制措施，确保"合法"用户在规定的时间、地点对授权的目标服务器进行许可范围的操作。在系统运维安全管控平台完成上述要求后，将减少运维过程中的误操作和违规操作的风险，进一步确保服务器的稳定运行。

目前运维过程中共享账号的情况普遍存在，并且当前的技术措施无法实现对运维的时间及地点进行限制，因此在系统运维安全管控平台应用后，必须限制所有的运维操作只能通过该平台完成，阻断所有运维人员直接对服务器的操作行为，可以通过交换机或防火墙的访问控制列表功能实现，这样才能实现单位的上述要求。单位的运维权限设置如表 4-8 所示。

表 4-8　运维权限设置

姓　　名	运 维 账 户	访 问 权 限
王彬	wangbin	核心交换机 办公交换机 路由器
王欢	wanghuan	OA 服务器
张超	zhangchao	财务服务器
刘迪	liudi	业务服务器

要正确设置运维人员的访问权限，确保"合法"用户在规定的时间、地点对授权的目标服务器进行许可范围的操作，需要通过如下步骤实现。

1. 创建时间集合

（1）打开 IE 浏览器，输入运维安全管控平台的地址，如 https://192.168.1.30。

输入系统管理员用户名"system"与密码"12345678"后，单击"登录"按钮即可。

（2）导航至时间集合页面。

在运维安全管控平台页面单击"策略管理"→"时间集合"→"添加"按钮，如图4-28所示。

图 4-28　时间集合页面

（3）添加时间集合。

在添加集合表单依次填入如下信息：

名称：工作日。

说明：正常工作日上班时间段。

添加时间单元：依次选择"周期"→"每周"→"周一"→"9：00：00"→"周五"→"18：00：00"。

填入信息完毕后，依次选择"添加"→"保存"按钮即可。添加时间集合页面如图4-29所示。

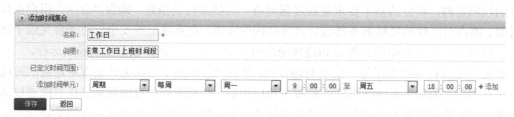

图 4-29　添加时间集合页面

2. 创建 IP 集合

（1）导航至 IP 集合页面。

在运维安全管控平台页面单击"策略管理"→"IP 集合"→"添加"按钮，如图4-30所示。

图 4-30　IP 集合页面

（2）添加 IP 集合。

在添加 IP 集合表单依次填入如下信息：

名称：技术部办公 IP 段。

说明：技术部办公 IP 段。

包含：192.168.0.100～192.168.0.110。

填入信息完毕后，依次选择"添加"→"保存"按钮即可。添加 IP 集合页面如图 4-31 所示。

图 4-31　添加 IP 集合页面

3．添加访问策略授权

（1）导航至访问策略授权页面。

在运维安全管控平台页面单击"策略管理"→"访问策略授权"→"添加策略"按钮，如图 4-32 所示。

图 4-32　访问策略授权页面

（2）选择授权方式。

在访问策略授权页面单击"添加"按钮后，将弹出如图 4-33 所示的选择授权方式页面，在该页面选择"按目标主机授权"选项即可。

图 4-33　选择授权方式页面

（3）选择运维用户。

选择"按目标主机授权"选项后，将会提示用户输入策略名称并选择运维用户。在策略名称处输入"王彬访问策略"，然后在运维用户中选择"wangbin"，选择完成后单击"下一步"按钮继续，如图4-34所示。

图4-34　选择运维用户页面

（4）选择访问目标对象。

在访问目标对象选择页面，选中王彬拥有访问权限的主机，在这里"核心交换机"、"办公交换机"和"路由器"，选择完成后，单击"下一步"按钮继续，如图4-35所示。

图4-35　选择访问目标对象

（5）高级设置。

在高级设置页面，单击"添加"按钮，选择"策略时间生效范围"及"客户端IP地址限制"，如图4-36所示。

图4-36　高级设置页面

（6）添加策略生效时间范围。

在策略生效时间范围处，单击"添加"按钮，可以弹出"添加策略生效时间范围"页面，在该页面依次选择"允许"→"时间集"→"工作日"后，单击"确定"按钮即可，如图4-37

所示。

（7）添加客户端 IP 地址限制。

在客户端 IP 地址限制处，单击"添加"按钮，可以弹出"添加客户端 IP 地址限制"页面，在该页面依次选择"允许"→"IP 地址集"→"技术部办公 IP 段"后，单击"确定"按钮即可，如图 4-38 所示。

图 4-37　添加策略生效时间范围　　　　图 4-38　添加客户端 IP 地址限制

（8）完成访问策略授权配置。在高级设置页面中，完成上述配置后，单击"完成"按钮即可完成访问策略授权的配置，如图 4-39 所示。

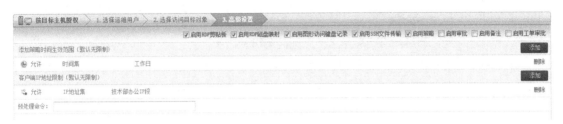

图 4-39　完成访问策略授权配置

（9）完成其他运维人员的访问策略授权配置。

根据王彬的访问策略授权配置步骤，完成王欢、张超、刘迪的访问策略授权配置，具体的权限设置如表 4-7 所示。

4.6.4　任务 4：自动改密码配置

系统运维安全管控平台极大地方便了运维人员对服务器的运维操作，他们不再需要记忆服务器的 IP 地址、系统账号及密码，尤其是系统账号及密码都由运维安全管控平台自动代填，这样不但简化了运维人员的操作，而且保证了服务器的安全。

单位为了保护服务器的密码安全，要求 OA 服务器、财务服务器以及业务服务器的密码每 60 天修改一次，并且修改的密码要满足复杂度要求。这项工作最初是由系统运维人员手工完成的，不过因为运维人员的违规操作，密码未被定期修改和修改后的密码不满足复杂度要求等情况经常发生，因此单位决定由系统运维安全管控平台自动完成对服务器的密码修改工作。

1. 设置密码安全策略

（1）打开 IE 浏览器，输入运维安全管控平台的地址，如 https://192.168.1.30。

输入系统管理员用户名"system"与密码 "12345678"后，单击"登录"按钮即可。

（2）导航至密码安全策略页面

在运维安全管控平台页面单击"密码管理"→"密码安全策略"。

（3）设置密码安全策略

在密码安全策略配置页面，配置的相关信息如下。

密码最小长度：8 （注：设置后密码将不得少于8位）；

密码复杂性要求：选中"启用"复选框，并选中"小写字母"、"数字"、"特殊字符"复选框。（注：该项设置后，新密码必须同时包含小写字母、数字及特殊字符）；

密码安全策略：选中"启用"复选框，并设置"不能与前3次密码重复"（注：该项设置后，新密码不得与前3次的密码相同）；

设置管理密码：qwer1234 （注：管理密码用于加密自动改密后生成的密码文件，打开该密码文件时需要输入管理密码）；

确认密码：qwer1234 ；

密码发送方式：选中"邮件"单选按钮（注：该项设置后，新密码将采用电子邮件方式发送）。

上述配置完成后，单击"保存"按钮，提示"保存成功"，配置即生效，如图4-40所示。

图4-40　密码安全策略配置

2．设置自动改密计划

（1）修改主机账号配置。

导航至"主机管理"→"主机列表"，选择"财务服务器"→"编辑"，在"账号设置"页面中，选择账号"administrator"→"编辑"，选中"特权账号"，然后单击"确认"→"保存"按钮后即可，修改主机账号配置如图4-41所示。

图4-41　修改主机账号配置

───◉ 小贴士 ◉───

特权账号

特权账号，又称为超级账号，是在系统中拥有最高权限的账号，如 Windows 系统中的 administrator 账号，Linux 系统中的 root 账号。

运维安全管控平台在实现自动改密时，要求在主机管理中必须添加"特权账号"，因此为了顺利添加自动改密计划，必须在添加改密计划前，修改主机账号的配置，添加"特权账号"。

（2）导航至自动改密计划页面。

在运维安全管控平台页面单击"密码管理"→"自动改密计划"→"添加策略"按钮，如图 4-42 所示。

图 4-42　添加自动改密计划

（3）自动改密策略配置。

在"策略配置"页面，输入如下配置信息：

计划名称：财务服务器改密计划　（注：输入改密计划的名称，该名称为标识不同的改密策略）；

首次执行时间：2012-12-25 11:5:00（注：配置首次执行改密的时间，根据实际情况配置，在实验中可以配置时间为当前时间延后 5 分钟，例如当前时间为 2012-12-25 11:00:00，那么可以在首次执行时间配置为 2012-12-25 11:5:00）；

计划重复周期：60 天　（注：配置该改密计划的改密周期）；

密码策略：随机生成不同密码　（注：选择该项配置后，新密码将随机生成，如需要新密码为预定义的固定密码，可以在该项选择手工指定相同密码）；

改密结果发送：选择"邮件"，接收人为"system"（注：新密码将通过邮件发送到 system 邮箱中，同时运维安全管控平台也可以手工下载新密码）；

上述配置完成后，单击"下一步"按钮继续，如图 4-43 所示。

（4）改密对象配置。

在改密对象配置页面选择需要改密的服务器及改密的账号名，如主机选择"财务服务器"，账号选择"administrator"，如图 4-44 所示。

在选择完改密对象后，单击"完成"按钮，即可保存配置，提示"保存成功"，改密计划策略配置完成，如图 4-45 所示。

图 4-43　改密策略配置

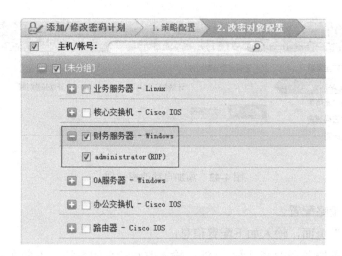

图 4-44　改密对象配置

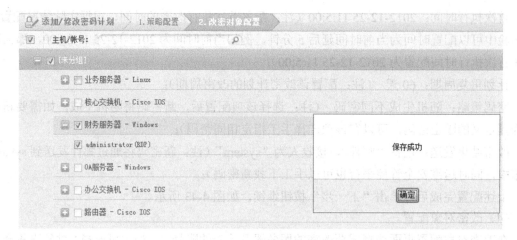

图 4-45　完成改密策略配置

3．自动改密结果

（1）查看自动改密结果。

改密计划配置完成后，运维安全管控平台会在计划时间执行改密任务，并且在改密完成后可以查看改密结果。

在运维安全管控平台页面单击"密码管理"→"自动改密结果",显示本次改密成功,可以在改密结果记录上单击"下载"按钮,即可下载新密码文件,如图 4-46 所示。

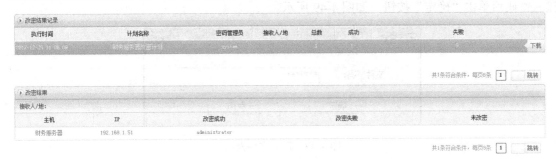

图 4-46　自动改密结果

（2）打开密码查看器。

下载下来的新密码采用加密文件存储,文件名如"plan_system_1.pwd",该类文件可以采用运维安全管理客户端中的密码查看器打开。

使用 system 账号登录运维安全管理客户端,如图 4-47 所示。

使用 system 账号登录成功后,单击右上角的"关闭"按钮,将客户端图标在桌面最小化显示,在图标上单击鼠标右键,选择"打开密码查看器"选项,即可将密码查看器打开,如图 4-48 所示。

图 4-47　客户端登录

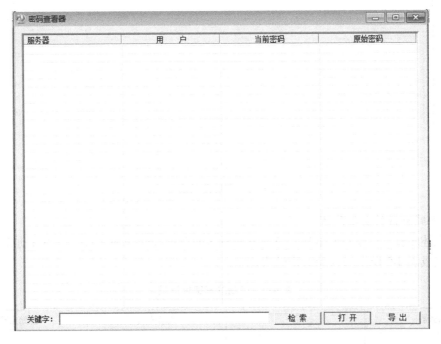

图 4-48　密码查看器

（3）打开密码文件。

在密码查看器中单击"打开"按钮，在文件选择框中选择刚下载的新密码文件，密码查看器将提示输入文件密码，该文件密码为"密码安全策略"中设置的"管理密码"，如"qwer1234"。输入密码后单击"确定"按钮，如图4-49所示。

图 4-49　输入文件密码

文件密码输入正确后，将显示密码文件中保存的密码信息，包括"服务器"、"用户"、"当前密码"以及"原始密码"。如图 4-50 所示，可以看到本次改密后密码已经变更为"E5%C%**%"，该密码为运维安全管控平台自动随机生成。

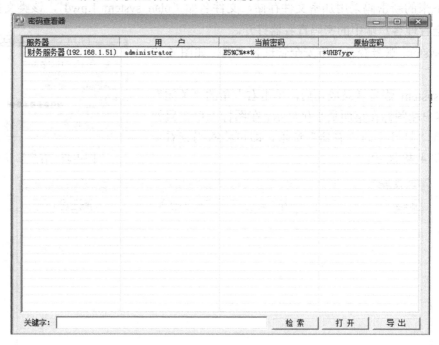

图 4-50　查看密码信息

4. 其他服务器的自动改密

根据上述步骤，完成 OA 服务器及业务服务器的自动改密任务配置，并对自动改密结果进行记录，完成表 4-9 所示的自动改密结果记录。

表 4-9　自动改密结果记录

服务器	用户	当前密码	原始密码

学中反思

1. 外来运维人员通过运维安全管控平台创建的账号应该具有"临时性"，即应该在运维时间结束后账号自动停用，请思考在运维安全管控平台如何创建外来运维人员的账号。

2. 请根据人员管理配置任务和主机管理配置任务，说出你所创建的哪些账号属于主账号？哪些账号属于从账号？

3. 在访问授权策略中，访问目标对象不是某台服务器，而是精确到访问协议及服务器账号，那么如果服务器新增访问协议或者账号的话，是否需要修改访问策略？

4. 自动改密存在一定的风险，如改密后密码丢失将造成系统无法登录等问题，因此改密计划配置前应做好安全预案，比如改密计划分批执行，对非特权账号进行密码修改，新密码手工指定等方式，请思考哪些安全措施最能降低系统的安全风险？

实践训练

1. 假想你是一名运维人员，请在运维安全管控平台创建你的账号并配置为 USBKEY 认证方式。

2. 运维安全管控平台具有主机组管理功能，可以将若干台主机添加到主机组。请你在运维安全管控平台创建主机组，并按照表 4-10 划分相应的主机组成员。

表 4-10　主机组管理

主机组	主机组成员
网络设备组	核心交换机
	办公交换机
	路由器
OA 服务器组	OA 服务器
财务服务器组	财务服务器
业务服务器组	业务服务器

3. 王彬需要在周六对网络设备进行配置调整，请修改现有的访问控制策略，允许王彬在周六对网络设备进行访问。

4. 请你对其他的测试服务器进行自动改密测试，要求使用的密码策略为"手工指定相同密码"。

项目五

运维操作安全监控

知识目标

- 了解信息系统安全审计的概念
- 了解信息系统安全审计的功能及分类
- 了解操作监视的主要原则
- 了解操作监视的主要内容
- 了解操作控制的常见方法
- 了解常用的告警信息发送方式

技能目标

- 掌握运维安全管控平台的审计管理员配置方法
- 掌握如何通过审计管理员对运维人员的维护过程进行监视
- 掌握运维安全管控平台的指令操作授权配置方法
- 掌握在运维安全管控平台配置指令操作二次审批的方法

项目描述

单位 OA 服务器发生的故障给技术部的领导敲响了警钟，无法对运维操作过程进行安全监视与控制，致使安全事件频发，且很难对故障进行定位以及对事故进行责任认定。

系统运维安全管控平台不仅可以实现对运维人员的访问权限进行控制，还可以实现对其操作进行控制，并且对其操作过程可以实现实时监控。通过运维安全管控平台的操作安全管控可以进一步提升系统的安全性，并在系统发生安全事件时提供故障解决和责任认定的依据。

相关知识

5.1　信息系统安全审计

5.1.1　信息系统安全审计的概念

安全审计是在传统审计学、信息管理学、计算机安全、行为科学、人工智能等学科相互交叉基础上发展的一门新学科。和传统的审计概念不同的是，安全审计应用于计算机网络信息安全领域，是对安全控制和事件的审查评价。

一般来讲，安全审计是指根据一定的安全策略，通过记录和分析历史操作事件及数据，发现能够改进系统性能和系统安全的地方。

确切地说，安全审计就是对系统安全的审核、稽查与计算，即在记录一切（或部分）与系统安全有关活动的基础上，对其进行分析处理、评价审查，发现系统中的安全隐患，或追查造成安全事故的原因，并做出进一步的处理。我国的国家标准《信息安全技术 信息系统安全审计产品技术要求和测试评价方法》（GB/T 20945—2007）给出了安全审计的定义，安全审计是对信息系统的各种事件及行为实行检测、信息采集、分析并针对特定事件及行为采取相应动作。国家标准 ISO/IEC 15408（俗称为 CC 准则）对网络安全审计的概念和功能做了较为具体的定义。网络安全审计是指对与网络安全有关的活动的相关信息进行识别、记录、存储和分析，并检查网络上发生了哪些与安全有关的活动以及谁对这个活动负责。

安全审计除了能够监控来自网络内部和外部的用户活动，对与安全有关活动的相关信息进行识别、记录、存储和分析，对突发事件进行报警和响应，还能通过对系统事件的记录，为事后处理提供重要依据，为网络犯罪行为及泄密行为提供取证基础。同时，通过对安全事件的不断收集与积累并且加以分析，能有选择性和针对性地对其中的对象进行审计跟踪，即事后分析及追查取证，以保证系统的安全。

由于不存在绝对安全的系统，所以安全审计系统作为和其他安全措施相辅相成、互为补充的安全机制，是非常必要的。CC 准则特别规定了信息系统的安全审计功能需求。

5.1.2 信息系统安全审计的功能

信息安全审计有多方面的作用与功能，包括取证、威慑、发现系统漏洞、发现系统运行异常等。

（1）取证。

利用审计工具，监视和记录系统的活动情况，如记录用户登录账户、登录时间、终端以及所访问的文件、存取操作等，并放入系统日志中，必要时可打印输出，提供审计报告，对于已经发生的系统破坏行为提供有效的追究证据。

（2）威慑。

通过审计跟踪，并配合相应的责任追究机制，对外部的入侵者以及内部人员的恶意行为具有威慑和警告作用。

（3）发现系统漏洞。

安全审计为系统管理员提供有价值的系统使用日志，从而帮助系统管理员及时发现系统入侵行为或潜在的系统漏洞。

（4）发现系统运行异常。

通过安全审计，为系统管理员提供系统运行的统计日志，管理员可根据日志数据库记录的日志数据，分析网络或系统的安全性，输出安全性分析报告，因而能够及时发现系统的异常行为，并采取相应的处理措施。

5.1.3 信息系统安全审计的分类

安全审计按照不同的分类标准，具有不同的分类特性。

按照审计分析的对象安全审计可分为针对主机的审计和针对网络的审计。前者对系统资源如系统文件、注册表等文件的操作进行事前控制和事后取证，并形成日志文件；后者主要是针对网络的信息内容和协议分析进行审计。

按照审计的工作方式，安全审计可分为集中式安全审计和分布式安全审计。集中式体系结构采用集中的方法，收集并分析数据源（网络各主机的原始审计记录），所有的数据都要交给中央处理机进行审计处理。分布式安全审计包含两层含义：一是对分布式网络的安全审计；二是采用分布式计算的方法，对数据源进行安全审计。

5.2 操作监视与控制

5.2.1 操作监视

操作监视包括具体运行维护操作的事中监视及事后监视，也包括对运行维护操作的整体监视。

常规的运行维护操作监视一般采取事后监视实施管理。事后监视区别于事中监视，它不是在操作过程中同步监视操作，而是在操作结束之后的某个时间对操作进行回放，检查运维操作是否完整，是否有违规行为。考虑到常规的运行维护操作的数据量比较庞大，在执行事后监视的时候往往采取抽查机制。

事后监视的抽查可以按照运维人员来抽查，也可以按照运维对象设备来抽查。无论是按运维人员，还是按对象设备执行抽查，都要注意以下两方面原则。

（1）全面性原则，即抽查应全面，在一个周期内，必须覆盖所有的运维人员或设备。周期的长度应考虑岗位考核，如执行季度考核，相应的抽查周期就应该是三个月，在三个月内，每个运维人员、每台运维设备都应至少被抽查一次。

（2）重点突出原则，即抽查的重点应放在执行敏感任务的运维人员及核心设备上。一个抽查周期内应抽查的次数取决于管理要求。

敏感的运行维护操作监视一般应采取事中监视实施管理。事中监视即在操作的过程中同步监视操作，避免出现重大安全事故。事中监视可以采取物理陪同的方式，即管理员在操作员身旁，操作员的所有操作都能被管理员直接看到。但是这种方式有局限性，管理员不可能随时出现在操作员的身边。目前通常的事中监视方式是在运维安全管控平台的支持下，采用远程同屏监控的方式实现事中监视。远程同屏监控指的是管理员在运维安全管控平台上直接获取操作员的操作界面，操作实时同步，一旦发现可能的操作错误，管理员可以随时阻断操作。

从管理的角度，操作监视还包括对运行维护操作的整体监视，整体了解当前运维工作的情况。监视的内容主要是各种统计信息，包括：

（1）会话监控统计信息，即运维用户执行运维操作的会话次数，包括不同运维协议的会话数量、会话趋势等。

（2）异常会话监控统计信息，即运维会话中出现了异常情况的统计信息，异常情况是指被定义为非法行为的操作出现在了运维会话中。

（3）操作统计信息，即各类操作的次数和趋势等。

（4）异常操作统计信息，即被定义为异常行为的操作出现的次数和频率等。

（5）运维用户统计信息，即运维用户数量、活跃情况等。

通过对以上统计信息的整体监视，运维工作的管理人员能够判断具体运维人员的工作量和运维工作的优劣，实现对运维人员的考核。管理人员还可以通过异常情况的统计，得出整体运维工作中出现的恶意操作或者误操作情况，进而安排专项培训降低误操作的可能性，提升管理措施以减少恶意操作。

5.2.2 操作控制

操作控制主要发生在运行维护的过程中，对高危操作实施控制手段，例如忽略操作或者阻断操作。忽略操作是指忽略特定指令，限制指令的执行，但是不中断会话，运维人员还可以进行其他合法指令的操作。阻断操作则是中断整个会话，不能执行后续操作。

操作控制一般都需要专门的运维安全管控平台来实现，不借助运维安全管控平台无法实现忽略操作，实现阻断操作也很困难。

操作阻断从行为上看分为基于规则库的自动阻断和同步监视过程中的人工阻断。

基于规则库的自动阻断需要预先制定规则库，规则库内的规则来源于单位的授权规则。授权某人能够采用什么指令维护什么设备，授权指令以外的指令就是需要阻断的指令。一般情况下，规则库可以采取黑名单和白名单的机制。

黑名单指的是指定不能执行的指令，这些指令列入黑名单，这些指令之外的指令都可以执行。黑名单的建立过程通常是先定义确定不能执行的指令，这些指令的初始数量一般较少，然后在运行维护过程中，根据工作的情况逐步添加。黑名单机制更方便运维工作开展，但是安全性相比白名单更低。

白名单则与黑名单相反，列入白名单的指令是可以执行的，其余指令都不能执行。白名单适用于对运行维护工作非常清楚的单位，单位运维管理责任人很清楚运维工作都会执行哪些指令。

在实际运用中，黑白名单可以同时使用，例如一般设备的运行维护操作控制采用黑名单机制，敏感设备采用白名单机制。尤其是有敏感数据的设备，考虑到获取敏感数据的多样性，设置黑名单去限制所有的数据获取方式比较困难，采用白名单机制则更加合理。

5.3 告警方式

只有操作监视和控制机制，而报警机制跟不上，不能及时把紧急情况下的信息传递给运维管理人员，那么监控就会形同虚设。目前告警信息发送途径主要有短信告警、Syslog 告警和邮件告警。

短信告警就是发送告警信息到运维管理人员的手机上，这种方法最为及时。

Syslog 告警更多用在统一监控方案内，一般来说运维管理人员倾向于在统一的监控平台内处理工作，统一监控平台实现对多项工作的同时监控，如网络故障、网络性能、系统故障、系统性能和安全事件等。专业的运维安全管控平台通过 Syslog 将告警信息传递到统一监控平台

在这种情况下是最佳选择。

邮件告警应用则最为广泛，所有的单位都有邮件系统，大部分管理者也习惯通过邮件处理事务。虽然邮件告警没有短信告警及时，但是由于邮件系统的广泛应用以及管理习惯，还是有广泛的应用。

值得一提的是，操作告警本身也是需要监控的。可考虑定期发送测试邮件、测试短信来验证告警功能处于正常状态。

在运维操作安全监控管理中，可以根据单位工作习惯和系统平台情况，灵活地使用各种告警手段，无论采用哪种告警手段，或者哪几种告警手段，都应在符合单位的管理要求的前提下，保证告警及后续处理的及时性。

5.4 运维操作安全监控

5.4.1 任务1：OA系统设备运维操作安全监控

针对OA系统设备进行运维操作安全监控主要是对运维人员的操作过程进行监视，以及对其操作过程进行安全管控。技术部领导有权对运维人员的操作进行监控，对运维人员的违规操作进行审计，并且要求在工作时间不能执行系统的关闭重启等操作，以保护服务的可用性。

要实现运维操作安全监控，需要在运维安全管控平台配置审计管理员，使用审计管理员对运维人员的操作进行监控，并使用系统管理员配置指令操作授权，对运维人员的操作进行控制，具体步骤如下所述。

1. 配置审计管理员

（1）打开IE浏览器，输入运维安全管控平台的地址，如 https://192.168.1.30。

输入超级管理员用户名"admin"与密码"safetybase"后，单击"登录"按钮即可。

（2）导航至管理员配置页面。

在运维安全管控平台页面单击"用户管理"→"管理员"→"添加管理员"按钮，如图5-1所示。

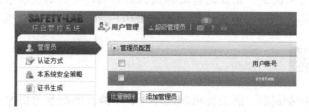

图 5-1　添加管理员页面

（3）添加审计管理员。

在添加管理员表单中输入如下信息：

用户账号：auditor。

姓名：auditor。

部门：技术部。

手机：13300138000。

E-mail：auditor@test.com。

密码设置：12345678。

密码确认：12345678。

管理角色：选中"审计管理员"及"系统审计员"复选框（注：主要管理功能就是运维操作的实时监控和系统审计）；

输入完成上述信息后，单击"保存"按钮，提示"保存成功"，即可完成审计管理员的配置，如图 5-2 所示。

图 5-2　添加审计管理员页面

2.　运维操作实时监控

（1）运维账号登录。

①　安装 Java 环境。使用王欢的运维账号登录系统运维安全管控平台的 Web 页面后，在软件下载页面可以下载安装 Java 环境，如图 5-3 所示（注：如果运维终端已经安装 JRE6 以上的 Java 环境，则不必再次安装），具体的下载及安装步骤如下。

图 5-3　下载 Java

打开下载的 Java，文件名如"jre-6u27-windows-i586.exe"，开始进行 Java 安装，如图 5-4 所示。

单击"安装"按钮后，安装程序自动开始并完成软件安装，安装完成后单击"关闭"按钮即可退出安装程序，如图 5-5 所示。

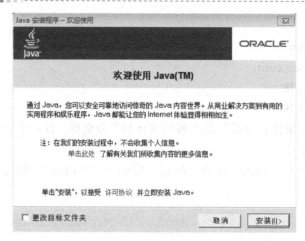

图 5-4　开始安装 Java

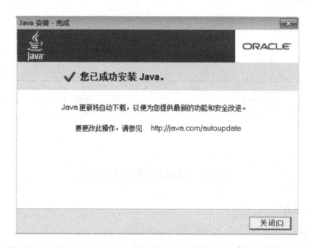

图 5-5　Java 安装完成

② 安装证书。使用王欢的运维账号登录系统运维安全管控平台的 Web 页面后，在软件下载页面可以下载安装证书，如图 5-6 所示。

请将保存下来的页面证书安装到受信任的颁发机构。

图 5-6　打开证书下载页面

打开证书下载页面后，单击"证书下载"按钮，即可开始下载证书文件，如图 5-7 所示。打开下载下来的证书文件，开始进行证书安装，打开后页面如图 5-8 所示。

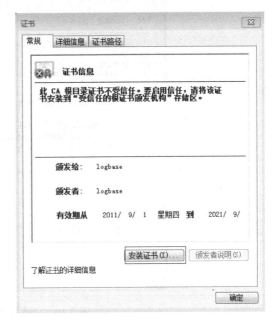

请将保存下来的页面证书安装到受信任的颁发机构。

图 5-7 证书下载页面   图 5-8 开始证书安装

单击"安装证书"按钮后即可打开"证书导入向导"页面，在"证书导入向导"页面中单击"下一步"按钮继续，如图 5-9 所示。

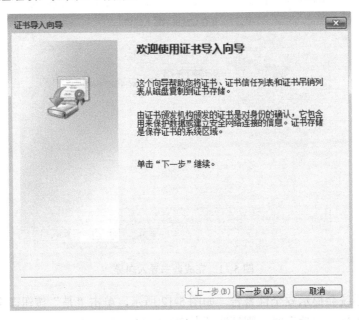

图 5-9 "证书导入向导"页面

在"证书导入向导"页面，选中"将所有的证书放入下列存储"单选按钮，单击"浏览"按钮，在"选择证书存储"页面中选择"受信任的根证书颁发机构"，依次单击"确定"与"下

一步"按钮即可,如图 5-10 所示。

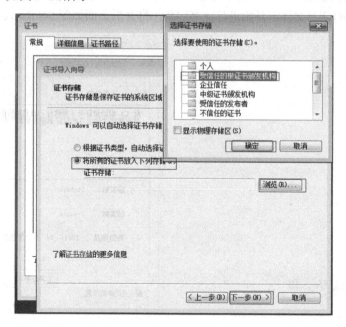

图 5-10 "选择证书存储"页面

单击"下一步"按钮后,进入"正在完成证书导入向导"页面,单击"完成"按钮,即可开始进行证书导入,如图 5-11 所示。

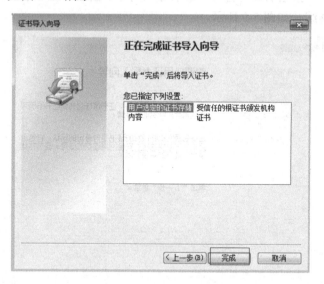

图 5-11 完成证书导入向导

导入后证书系统会提示安全性警告,如图 5-12 所示,单击"是"按钮即可安装该证书。

当系统提示"导入成功"时,则证明证书安装完成,如图 5-13 所示,随后单击"确定"按钮,退出证书安装向导。

(2)连接 OA 服务器。

运维终端的 Java 和证书都安装完成后,即可开始进行服务器运维了。在系统运维安全管控平台的 Web 页面，单击"设备访问"→"所有主机"，如图 5-14 所示。

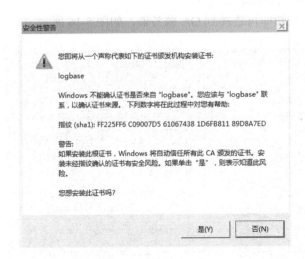

图 5-12 安全性警告页面

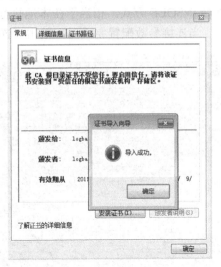

图 5-13 证书导入成功页面

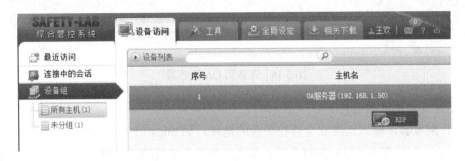

图 5-14 "设备访问"页面

在"设备访问"页面会列出自己有权限访问的所有主机，在该页面选择 OA 服务器，并选择"RDP"协议后即可设置连接参数，如图 5-15 所示。

在连接参数设置中，需要选择连接用户及连接模式，具体设置项如下。

选择用户：administrator（注：此处会列出自己被授权的服务器账户，选择时需要选择本次连接需要使用的服务器账户）；

连接模式：WEB 控件（注：RDP 协议的连接模式为 WEB 控件）；

屏幕大小：自适应（注：可以选择 RDP 连接的屏幕大小，通常选择"自适应"即可）；

开启 RDP 剪贴板：不选中（注：根据需要选择，如果需要在 RDP 连接中使用剪贴板功能，则可以在此处开启；若不开启将不能在本地与服务器间使用"复制"、"粘贴"等功能）；

图 5-15 RDP 连接参数

开启磁盘映射：不选中（注：根据需要选择，如果需要将本地的磁盘映射到服务器，则选中"开启磁盘映射"复选框，并选择需要映射的本地磁盘）；

访问方式：NORMAL（注：RDP 协议的访问方式包括 NORMAL 和 CONSOLE 两种，选择 CONSOLE 方式，相当于在本地执行 mstsc /console 命令）。

当连接参数配置完成后，单击"连接"按钮即可连接到 OA 服务器，如图 5-16 所示。

图 5-16　连接到 OA 服务器

（3）运维操作的实时监控。

打开 IE 浏览器，输入运维安全管控平台的地址，如 https://192.168.1.30，输入审计管理员用户名"auditor"与密码"12345678"后，单击"登录"按钮即可。登录后显示如图 5-17 所示的审计管理员管理页面。

图 5-17　审计管理员管理页面

在审计管理员管理页面中显示的"最新会话"中可以显示最新连接的会话，在会话列表中可以看到当前运维用户王欢正在连接到 OA 服务器，此时审计管理员可以选择对该会话进行实时监控，只要单击"监控"按钮即可，如图 5-18 所示。

图 5-18　最新会话页面

单击"监控"按钮后，系统提示"确定要开始监控吗？"，如图 5-19 所示。

图 5-19　开始监控系统提示

单击"确定"按钮后，审计管理员可以看到运维用户王欢正在连接的页面，此时王欢的所有运维操作都可以被管理员看到，如图 5-20 所示。

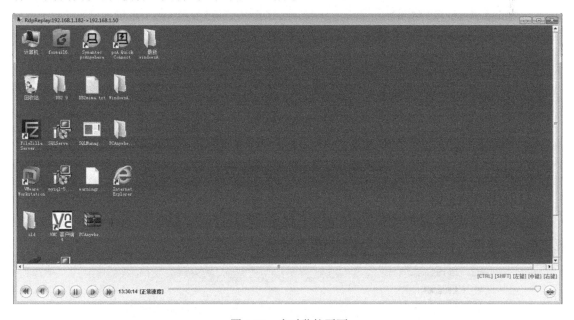

图 5-20　实时监控页面

3. 运维操作安全管控

（1）打开 IE 浏览器，输入运维安全管控平台的地址，如 https://192.168.1.30。

输入系统管理员用户名"system"与密码"12345678"后，单击"登录"按钮即可。

（2）导航至添加指令操作授权配置页面。

在运维安全管控平台页面，单击"策略管理"→"指令操作授权"→"添加策略"，如图 5-21 所示。

图 5-21　添加指令操作授权页面

（3）选择授权方式。

在授权方式选择页面，单击"按用户/目标主机组授权"，如图 5-22 所示。

（4）配置指令策略名称及用户。

选择授权方式后，在页面的策略名称处输入"OA服务器禁止关机或重启"，并选择用户"wanghuan"，配置指令策略名称及用户页面如图 5-23 所示。

图 5-22　指令策略授权方式

图 5-23　配置指令策略名称及用户页面

（5）选择目标主机。

上述配置完成后，单击"下一步"按钮，然后需要选择目标主机，在选中"OA 服务器"复选框后，单击"下一步"按钮继续，如图 5-24 所示。

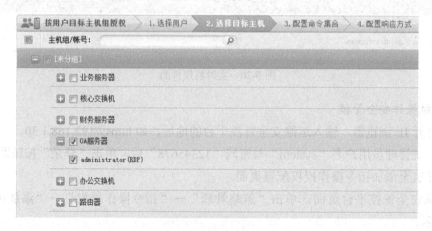

图 5-24　选择目标主机

（6）配置命令集合。

在命令集合配置页面，选中"禁止用户使用以下指令/指令集"单选按钮，并在"手工输入命令列表"中输入"关闭 Windows"（注："关闭"和"Windows"之间包含一个空格），该项配置后在 Windows 2008 系统上将无法执行关机和重新启动的命令，配置命令集合如图 5-25 所示。

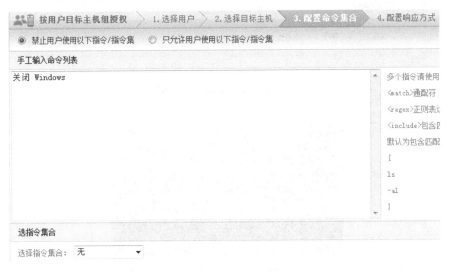

图 5-25　配置命令集合

———◉ 小贴士 ◉———

Windows 命令列表

由于 Windows 是图形界面操作，因此针对 Windows 服务器的命令列表可以设置为窗口标题名称或者文件名称，如在"手工输入命令列表"中可以输入的指令包括"我的电脑"、"关闭 Windows"、"新用户"等，这样运维用户一旦执行打开"我的电脑"等操作就会触发事件，运维安全管控平台就会按照配置的方式进行响应。

（7）配置响应方式。

在配置响应方式页面进行如下配置：

选中"产生告警"和"阻断会话"选项。

安全事件等级：中。

安全事件类型：违规操作。

安全事件描述：用户执行关机或重启命令。

告警方式：邮件。

告警人员：选中"system"和"auditor"复选框。

在完成上述配置后，单击"完成"按钮后提示"保存成功"，则该指令策略添加完成。配置响应方式页面如图 5-26 所示。

（8）用户运维操作。

使用王欢的运维账号登录系统运维安全管控平台的 Web 页面后，选择连接"OA 服务器"，当使用 RDP 协议连接到 OA 服务器后，若用户执行关机或重新启动操作，该用户的运维界面将被强行关闭，该连接会话被阻断，如图 5-27 所示。

图 5-26   配置响应方式页面

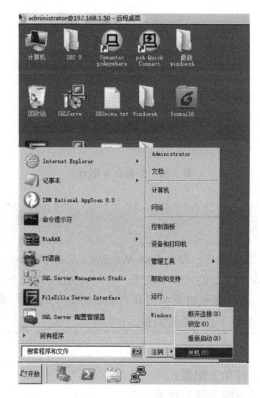

图 5-27   Windows 连接阻断

（9）审计管理员指令阻断审计。

使用审计管理员账号"auditor"在系统运维安全管控平台登录后，查看最新会话，在该会话列表中因指令操作被阻断的会话都被显示为红色，如图 5-28 所示。

起始时间	结束时间	会话类型	会话状态	运维用户	服务器IP
2013-01-23 10:30:11	2013-01-23 10:32:50	RDP会话	用户退出	wanghuan	192.168.1.50
2013-01-23 10:16:29	2013-01-23 10:29:58	RDP会话	指令阻断	wanghuan	192.168.1.50

图 5-28   审计管理员指令阻断审计

5.4.2　任务 2：业务系统设备运维操作安全监控

单位利用系统运维安全管控平台对 OA 系统设备的运维操作进行安全监控，极大地提升了针对 OA 服务器的监管水平，使得运维人员的维护操作更加规范，有效地避免了运维人员的恶意操作。于是单位领导决定对业务服务器实行同样的安全监控措施，保障业务服务器的稳定运行。

针对业务服务器的安全监控要求包括对运维人员的运维过程进行安全监视，并对高危指令（如 reboot/shutdown/init 等）的执行进行阻断，禁止未经许可执行这些高危指令。

要实现针对业务系统设备的运维操作安全监控，需要在系统运维安全管控平台使用审计管理员账号对运维人员的运维操作进行监视，并使用系统管理员配置指令授权策略，配置对运维人员的高危指令进行会话阻断。

1. 运维操作实时监控

（1）运维账号登录操作。

使用刘迪的运维账号登录系统运维安全管控平台的 Web 页面后，单击"设备访问"→"所有主机"，如图 5-29 所示。

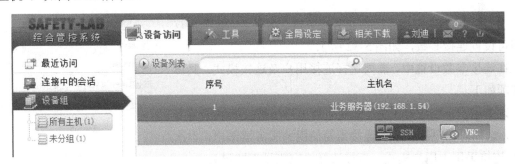

图 5-29　设备访问页面

在设备访问页面会列出自己有权限访问的所有主机，在该页面选择业务服务器，该服务器已开启两种连接协议：SSH 协议和 VNC 协议。

① 使用 SSH 协议连接到业务服务器。选择"SSH"协议后即可设置连接参数，如图 5-30所示。

在连接参数设置中，需要选择连接用户及连接模式，具体设置项如下。

选择用户：root （注：此处会列出自己被授权的服务器账户，选择时需要选择本次连接需要使用的服务器账户）；

连接模式：WEB 控件（注：SSH 协议的连接模式为"WEB 控件"和"本地客户端"两种）；

访问方式：SSH2 （注：SSH 协议连接协议包括两个版本（SSH1 和 SSH2），如果 SSH 服务端没有连接限制，那么默认选择"SSH2"即可）。

图 5-30　SSH 连接参数

当连接参数配置完成后，单击"连接"按钮即可连接到业务服务器，如图 5-31 所示。

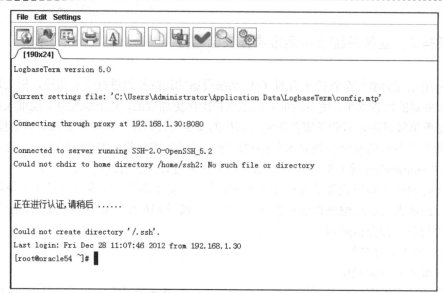

图 5-31　SSH 连接到业务服务器

② 使用 VNC 协议连接到业务服务器。选择"VNC"协议后即可设置连接参数，如图 5-32 所示。

在连接参数设置中，需要选择连接用户及连接模式，具体设置项如下。

选择用户：空账号（注：此处会列出自己被授权的服务器账户，选择时需要选择本次连接需要使用的服务器账户，本次VNC 连接采用无用户模式，直接选择"空账号"即可）；

连接模式：WEB 控件（注：VNC 协议的连接模式为"WEB控件"和"前置机代理"两种）；

图 5-32　VNC 连接参数

屏幕大小：1024×768（注：选择 VNC 图形界面的屏幕大小）；

开启 RDP 剪贴板：不选中（注：可以设置是否开启 RDP 剪贴板，开启后可以进行复制粘贴操作）。

当连接参数配置完成后，单击"连接"按钮即可连接到业务服务器，如图 5-33 所示。

（2）运维操作的实时监控。

打开 IE 浏览器，输入运维安全管控平台的地址，如 https://192.168.1.30，输入审计管理员用户名"auditor"与密码"12345678"后，单击"登录"按钮。

在审计管理员管理页面中显示的"最新会话"中可以显示最新连接的会话，在会话列表中可以看到当前运维用户刘迪正在连接到业务服务器，此时审计管理员可以选择对该会话进行实时监控，只要单击"监控"按钮即可，如图 5-34 所示。

单击"监控"按钮后，系统会提示"确定要开始监控吗？"，然后单击"确定"按钮，审计管理员可以看到运维用户刘迪正在连接的页面，此时刘迪的所有操作都可以被管理员看到，如图 5-35 与图 5-36 所示。

图 5-33　VNC 连接到业务服务器

起始时间	结束时间	会话类型	会话状态	运维用户	服务器IP	审批用户姓名	阻断用户姓名	服务器用户名
2013-01-29 13:33:35		VNC会话	连接中	liudi	192.168.1.54			阻断|监控|指令查看
2013-01-29 13:29:13	2013-01-29 13:29:24	RDP会话	指令阻断	wanghuan	192.168.1.50			administrator
2013-01-29 11:31:55	2013-01-29 11:42:15	RDP会话	用户退出	wanghuan	192.168.1.50			administrator
2013-01-29 11:28:07	2013-01-29 11:31:56	RDP会话	用户退出	wanghuan	192.168.1.50			administrator

符合条件的有 4 条日志，每页 15 条　上一页　1　下一页　　跳转

图 5-34　最新会话页面

图 5-35　VNC 实时监控页面

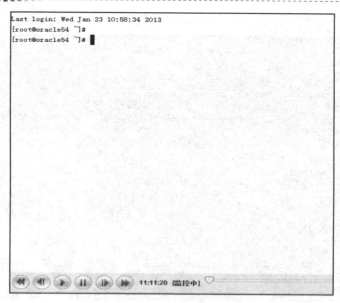

图 5-36　SSH 实时监控页面

2. 运维操作安全管控

（1）打开 IE 浏览器，输入运维安全管控平台的地址，如 https://192.168.1.30。

输入系统管理员用户名"system"与密码"12345678"后，单击"登录"按钮即可。

（2）导航至添加指令操作授权配置页面。

在运维安全管控平台页面中，单击"策略管理"→"指令操作授权"→"添加策略"，开始添加针对业务服务器的指令操作授权策略。

（3）选择授权方式。

在授权方式选择页面中，单击"按用户/目标主机组授权"即可。

（4）配置指令策略名称及用户。

选择授权方式后，在页面的策略名称处输入"业务服务器禁止关机或重启"，并选择用户"liudi"，配置指令策略名称及用户页面如图 5-37 所示。

图 5-37　配置指令策略名称及用户页面

（5）选择目标主机。

上述配置完成后，单击"下一步"按钮，然后选择目标主机，在选中"业务服务器"复选框后，单击"下一步"按钮继续，如图 5-38 所示。

（6）配置命令集合。

在命令集合配置页面，选中"禁止用户使用以下指令/指令集"单选按钮，并在手工输入命令列表中输入如下指令：

```
reboot
shutdown
init
```

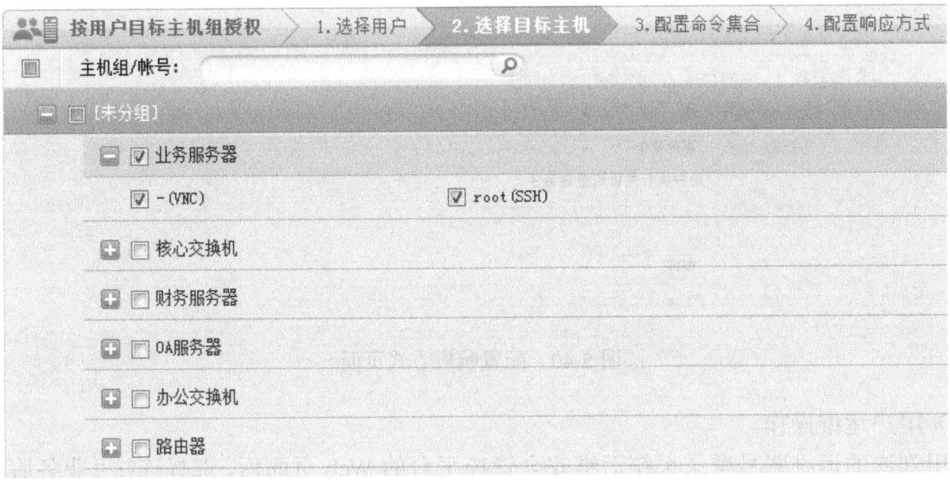

图 5-38　选择目标主机

配置命令集合如图 5-39 所示。

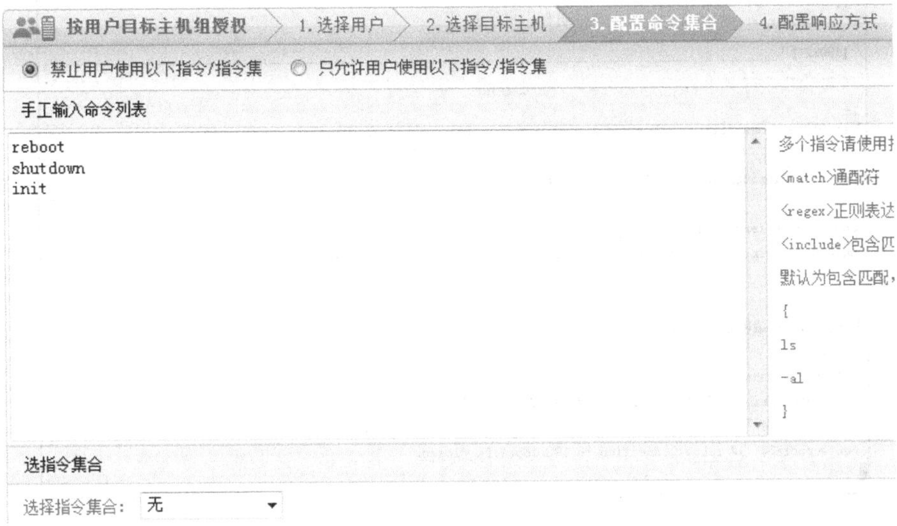

图 5-39　配置命令集合

（7）配置响应方式。

在配置响应方式页面进行如下配置：

选中"产生告警"和"阻断会话"选项。

安全事件等级：中。

安全事件类型：高危操作。

安全事件描述：用户执行关机或重启命令。

告警方式：邮件。

告警人员：选中"system"和"auditor"复选框。

在完成上述配置后，单击"完成"按钮后提示"保存成功"，则该指令策略添加完成，如图 5-40 所示。

图 5-40　配置响应方式页面

（8）用户运维操作。

使用刘迪的运维账号登录系统运维安全管控平台的 Web 页面后，选择连接"业务服务器"，当使用 SSH 协议连接到业务服务器后，如用户执行"reboot"命令，那么该会话将被系统运维安全管控平台阻断，如图 5-41 所示。

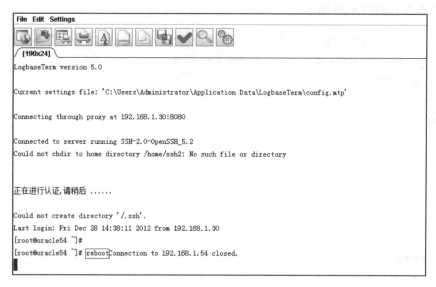

图 5-41　SSH 会话阻断

当使用 VNC 协议连接到业务服务器后，如用户在"打开终端"窗口执行"reboot"命令，那么该会话将被系统运维安全管控平台阻断，VNC 连接窗口会被关闭，如图 5-42 所示。

（9）审计管理员指令阻断审计。

使用审计管理员账号"auditor"在系统运维安全管控平台登录后，查看最新会话，在该会话列表中因指令操作被阻断的会话都被显示为红色，如图 5-43 所示。

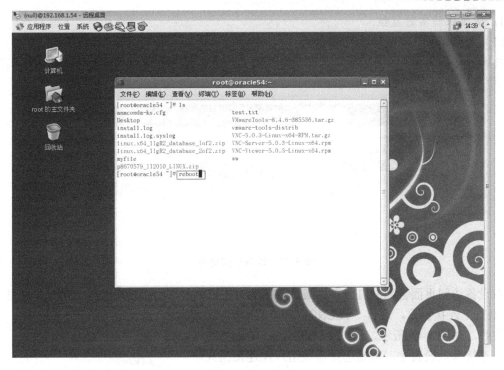

图 5-42　VNC 会话阻断

起始时间	结束时间	会话类型	会话状态	运维用户	服务器IP
2013-01-23 11:22:45	2013-01-23 11:22:55	VNC会话	指令阻断	liudi	192.168.1.54
2013-01-23 11:21:50	2013-01-23 11:22:19	SSH会话	指令阻断	liudi	192.168.1.54
2013-01-23 11:03:12	2013-01-23 11:08:24	SSH会话	用户退出	liudi	192.168.1.54
2013-01-23 10:54:50	2013-01-23 11:05:10	VNC会话	用户退出	liudi	192.168.1.54

图 5-43　审计管理员指令阻断审计

5.4.3　任务 3：网络支撑设备运维操作安全监控

　　单位在完成针对 OA 系统设备和业务系统设备的运维操作安全监控配置后，开始着手实施针对网络支撑设备的运维操作安全监控。网络支撑设备平时的运维操作较少，但是网络设备一旦出现故障将影响办公网络的运行，造成正常办公受到影响。鉴于网络支撑设备运维操作较少但是故障后影响较大的特点，单位决定对网络支撑设备的配置操作执行二次审批，配置的变动必须得到领导的同意后才能执行。

　　因此，针对网络支撑设备的安全监控要求包括对运维人员的运维过程进行安全监视，并对系统配置的操作进行二次审批，领导同意后才能执行配置更改。

　　要实现针对网络支撑设备的运维操作安全监控，需要在系统运维安全管控平台使用审计管理员账号对运维人员的运维操作进行监视，并使用系统管理员配置指令授权策略，配置对运维人员的修改配置指令进行二次审批。

1. 运维操作实时监控

（1）运维账号登录操作。

使用王彬的运维账号登录系统运维安全管控平台成功后，在 Web 页面单击"设备访问"→"所有主机"按钮，如图 5-44 所示。

图 5-44　设备访问页面

在设备访问页面会列出自己有权限访问的所有主机，在该页面选择核心交换机，该服务器开启 Telnet 连接协议，选择"TELNET"协议后即可设置连接参数，如图 5-45 所示。

在连接参数设置中，需要选择连接用户及连接模式，具体设置项如下。

选择用户：空账号 （注：此处会列出自己被授权的服务器账户，选择时需要选择本次连接需要使用的服务器账户，本次连接采用空账号即可）；

连接模式：WEB 控件 （注：TELNET 协议的连接模式为"WEB 控件"和"本地客户端"两种）。

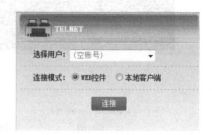

图 5-45　Telnet 连接参数

当连接参数配置完成后，单击"连接"按钮即可连接到核心交换机，如图 5-46 所示。

```
File  Edit  Settings

[190x24]

LogbaseTerm version 5.0

Current settings file: 'C:\Users\Administrator\Application Data\LogbaseTerm\config.mtp'

Connecting through proxy at 192.168.1.30:8080

Connected to server running SSH-2.0-OpenSSH_5.2
Could not chdir to home directory /home/telnet: No such file or directory


正在进行认证,请稍后 ......

Escape character is ' `]'.


User Access Verification

Password:
logbase>
```

图 5-46　Telnet 连接到核心交换机

（2）运维操作的实时监控。

打开 IE 浏览器，输入运维安全管控平台的地址，如 https://192.168.1.30，输入审计管理员用户名"auditor"与密码"12345678"后，单击"登录"按钮即可。

在审计管理员管理页面显示的"最新会话"中可以显示最新连接的会话，在会话列表中可以看到当前运维用户王彬正在连接到核心交换机，此时审计管理员可以选择对该会话进行实时监控，只要单击"监控"按钮即可，如图 5-47 所示。

起始时间	结束时间	会话类型	会话状态	运维用户	服务器IP	审批用户姓名	阻断用户姓名	服务器用户名
2013-01-29 14:15:30		TELNET会话	连接中	wangbin	192.168.1.200			阻断 | 监控 | 指令查看
2013-01-29 14:08:15	2013-01-29 14:08:54	VNC会话	指令阻断	liudi	192.168.1.54			
2013-01-29 13:51:05	2013-01-29 13:51:54	VNC会话	用户退出	liudi	192.168.1.54			

图 5-47　最新会话页面

单击"监控"按钮后，系统会提示"确定要开始监控吗？"，然后单击"确定"按钮，审计管理员可以看到运维用户王彬正在连接的页面，此时王彬的所有操作都可以被管理员看到，如图 5-48 所示。

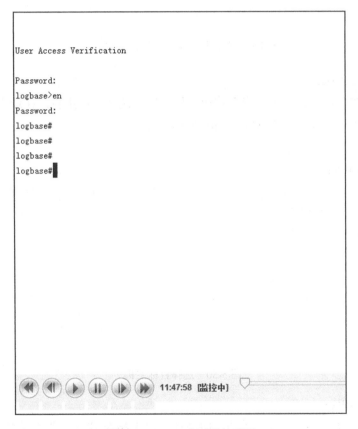

图 5-48　Telnet 实时监控界面

2. 运维操作安全管控

（1）打开 IE 浏览器，输入系统运维安全管控平台的地址，如 https://192.168.1.30。

输入系统管理员用户名"system"与密码"12345678"后，单击"登录"按钮即可。

（2）导航至添加指令操作授权配置页面。

在运维安全管控平台页面，单击"策略管理"→"指令操作授权"→"添加策略"，开始添加针对核心交换机的指令操作授权策略。

（3）选择授权方式。

在授权方式选择页面中，单击"按用户/目标主机组授权"即可。

（4）配置指令策略名称及用户。

选择授权方式后，在页面的策略名称处输入"核心交换机配置二次审批策略"，并选择用户"wangbin"，配置指令策略名称及用户页面如图5-49所示。

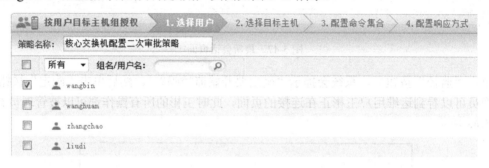

图5-49　配置指令策略名称及用户页面

（5）选择目标主机。

上述配置完成后，单击"下一步"按钮，然后需要选择目标主机，在选中"核心交换机"复选框后，单击"下一步"按钮继续，如图5-50所示。

图5-50　选择目标主机

（6）配置命令集合。

在命令集合配置页面中，选中"禁止用户使用以下指令/指令集"单选按钮，并在手工输入命令列表中输入如下指令：

```
<match>*conf*t*
```

配置命令集合如图5-51所示。

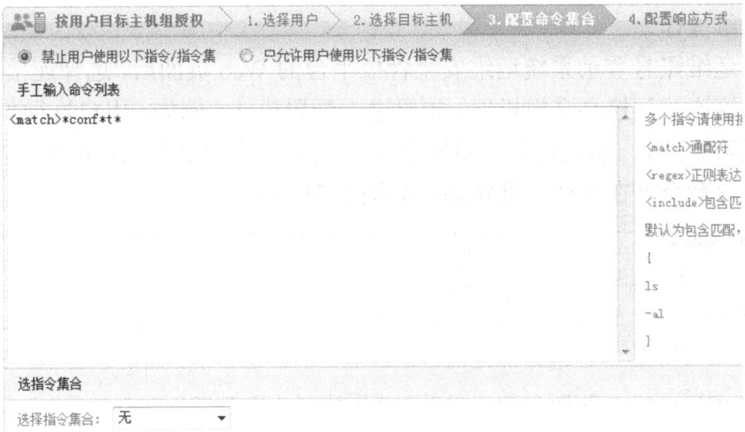

图 5-51 配置命令集合

⊙ 小贴士 ⊙

通配符是一种特殊语句，主要有星号（*）和问号（?），当不知道真正字符或者懒得输入完整名字时，常常使用通配符代替一个或多个真正的字符。

星号（*）：可以使用星号代替0个或多个字符。问号（?）：可以使用问号代替一个字符。星号表示匹配的数量不受限制，而问号的匹配字符数则受到限制。例如，在用于英文搜索中时，如输入"computer*"，就可以找到"computer、computers、computerised、computerized"等单词，而输入"comp?ter"，则只能找到"computer、compater、competer"等单词。

（7）配置响应方式。

在配置响应方式页面进行如下配置：

选中"产生告警"和"启用审批"选项。

安全事件等级：中。

安全事件类型：高危操作。

安全事件描述：在核心交换机进入配置模式。

告警方式：邮件。

告警人员：选中"system"和"auditor"复选框。

在完成上述配置后，单击"完成"按钮后提示"保存成功"，则该指令策略添加完成，如图 5-52 所示。

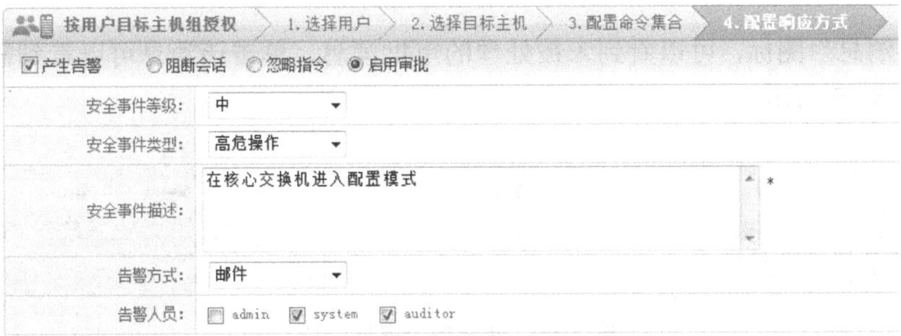

图 5-52 配置响应方式页面

（8）用户运维操作。

使用王彬的运维账号登录系统运维安全管控平台的 Web 页面后，选择连接"核心交换机"，当使用 Telnet 协议连接到核心交换机后，如要进入配置模式，例如，用户执行"config terminal"或者"conf t"等命令时，那么该命令将被系统运维安全管控平台执行审批，命令输入后将不会被立即执行，该命令处在等待审批状态，如图 5-53 所示。

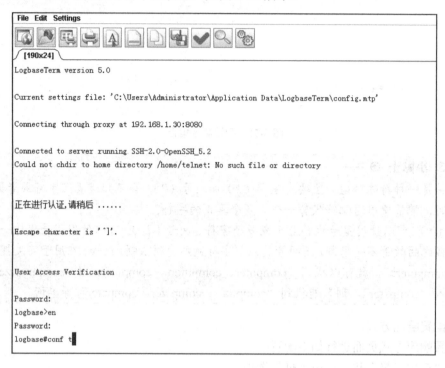

图 5-53　Telnet 会话等待审批

（9）系统管理员执行审批。

使用系统管理员 system 账号登录后，在管理员页面菜单栏右侧可以看到短消息提示，如图 5-54 所示。

图 5-54　短消息提示

单击"短消息"图标，可以看到未被处理的审批消息，单击该消息可以看到需要审批的指令信息，如图 5-55 所示。

图 5-55　处理指令审批消息

如许可本次操作，那么只需单击"同意"按钮即可，单击"同意"按钮后，被审批的指令即被立即执行，如图 5-56 所示为指令"conf t"被执行后的结果。

```
正在进行认证,请稍后 ······

Escape character is '^]'.


User Access Verification

Password:
logbase>en
Password:
logbase#conf t
Enter configuration commands, one per line.  End with CNTL/Z.
logbase(config)#
```

图 5-56　审批同意后指令的执行

　　如本次操作未被授权，那么只需单击"拒绝"按钮，该指令即被管理员拒绝执行，系统的提示如图 5-57 所示。

```
正在进行认证,请稍后 ······

Escape character is '^]'.


User Access Verification

Password:
logbase>en
Password:
Password:
logbase#
logbase#Logbase:Command is not permitted
                ^
% Invalid input detected at '^' marker.

logbase#
```

图 5-57　审批拒绝后指令执行的提示

学中反思

　　1. 审计管理员无法同时对多名运维人员的操作进行实时监控，那么审计管理员需要制订相应的实时监控方案。请你根据运维人员分为外来运维人员及内部运维人员，以及运维操作的风险级别，提出相应的审计管理员实时监控方案。

　　2. 对于只需要执行固定指令的运维人员（如值班人员），那么操作控制需要使用黑名单还是白名单呢？

3．在二次审批的执行过程中，若运维人员在未事先申请的情况下执行二次审批命令，有可能出现系统管理员未及时审批而造成审批超时，因此通常在运维过程中执行运维操作前，运维人员需要提交二次审批书面申请。请结合实施步骤中的二次审批过程，简述二次审批的执行流程。

实践训练

1．请配置针对财务服务器的操作安全监控，要求运维人员不能执行添加用户的操作，若执行该操作则阻断会话。

2．请根据核心交换机运维操作安全监控的配置步骤，完成对办公交换机的操作安全监控配置，同样配置为在办公交换机进入配置模式需要系统管理员审批。

项目六

运维操作数据管理

知识目标

- 了解常用的日志采集技术
- 了解 Windows 系统、Linux 系统及网络流量日志采集的技术原理
- 了解主流的数据存储方式
- 了解存储容量的计算方法
- 了解计算机取证技术的分类
- 了解静态取证及动态取证技术的应用
- 了解日志分析的常用方法
- 了解日志分析模型
- 了解日志分析的意义

技能目标

- 掌握 Windows 系统日志采集的配置过程
- 掌握 Linux 系统日志采集的配置过程
- 掌握网络流量日志采集的配置过程
- 掌握如何通过日志分析对运维事件进行快速定位
- 掌握运维安全管控平台事件检索功能的配置方法
- 掌握 Windows 系统统计报告的配置方法
- 掌握 Linux 系统统计报告的配置方法
- 掌握网络流量统计报告的配置方法

项目描述

单位随着各项业务开展所依赖的 IT 支撑系统数量不断增多,规模日益庞大,IT 系统的使用者对后台 IT 系统维护部门提出了更高要求:一方面,技术部门要保证各 IT 系统的不间断运行,支撑业务部门的发展要求,系统出现的问题,必须做到早发现、早处理,将系统故障对业务发展的影响降到最低;另一方面,需要维护的 IT 系统不断增多,工作量不断加大,使得技术部门迫切需要通过技术创新、维护模式创新,减少人工操作工作量,提升维护效率。

在技术部门的日常工作中,周期性查看各 IT 系统的服务器操作系统日志及应用系统运行日志是保证及早发现问题,及时处理异常的关键。为了对 IT 系统运行情况进行定期检查,运

维人员需要分别登录每台主机系统，分析主要日志信息，找出故障隐患。

现有日志处理方式已无法满足业务发展的需要，为了提高维护效率，改进日志处理工作方式，保证系统安全，单位领导决定打破单位各 IT 系统间的隔离状态，实现日志数据的集中采集、分析和处理。

相关知识

6.1 操作日志采集

操作结果数据采集就是通过对网络设备、服务器、数据库、应用服务等通用计算机软、硬件系统以及各种特定业务系统在运行维护过程中产生的日志、消息、状态等信息的采集。

操作结果数据采集范围可覆盖 IT 系统中的安全设备、网络设备、服务器系统、应用软件和数据库的安全告警信息、性能告警信息、配置变更信息及故障报警信息。面向不同的采集数据对象，操作结果数据的采集技术主要包含 Syslog 协议采集技术、SNMP 协议采集技术、日志采集代理（Agent）技术、基于旁路监听采集技术。

（1）Syslog 是一种工业标准协议，可用来记录设备的日志。在 UNIX 系统的路由器、交换机等网络设备中，Syslog 记录系统中的任何事件，管理者可以通过查看系统记录，随时掌握系统状况，它被称为系统日志或系统记录，是一种用来在 TCP/IP 的网络中传递记录信息的标准。当今网络设备普遍支持 Syslog 协议，几乎所有的网络设备都可以通过 Syslog 协议，将日志信息以用户数据报协议（UDP）方式传送到远端服务器，远端接收日志服务器须通过 Syslogd 监听 UDP 端口 514，接收系统的日志信息。

（2）SNMP（Simple Network Management Protocol）——简单网络管理协议，是由 IETF（Internet Engineering Task Force，互联网工程任务组）定义的一套基于 SGMP（Simple Gateway Monitor Protocol，简单网关监视协议）的网络管理协议。以 SNMP 为技术的网络管理站（NMS）中，管理工作站利用 SNMP 进行远程监控管理网络上的所有支持这种协议的设备（如计算机工作站、终端、路由器、Hub、网络打印机等），主要负责监视设备状态、修改设备配置、接受事件警告等。它的目标是保证管理信息在任意两点中传送，便于网络管理员在网络上的任何节点检索信息，进行修改，寻找故障，完成故障诊断，容量规划和报告生成。SNMP 采用了 Client/Server 模型的特殊形式：代理/管理站模型。对网络的管理与维护是通过管理工作站与 SNMP 代理间的交互工作完成的。每个 SNMP 从代理负责回答 SNMP 管理工作站（主代理）关于 MIB 定义信息的各种查询。SNMP 代理和管理站通过 SNMP 协议中的标准消息进行通信，每个消息都是一个单独的数据报。SNMP 使用 UDP（用户数据报协议）作为第四层协议（传输协议），进行无连接操作。

（3）文件型数据是指原始日志数据以文件的方式存储于一个固定的位置，如 Web 访问日志、FTP 访问日志等。对此种日志的采集主要问题是解决对日志文件的读取，以及在透彻了解日志数据的结构之后对其进行相应的拆分，并存储于系统内部的数据结构中。一般采用 3 种文件访问模式：本机文件访问、SAMBA 协议文件共享、FTP/TFTP 文件上传。

① 本机文件访问。本机文件访问是使用开发不同平台的探测器方式在日志所在的主机上

直接读取日志文件，在读取后直接在本地分析，然后将分析所得的结果发送到审计系统设备上。这种方式的缺点在于可能会影响到主机的性能。

② SAMBA 协议文件共享。通过 SAMBA 协议文件共享方式取得日志文件是在日志所在的主机上将日志文件直接取到审计系统设备上，然后在审计系统内部进行读取及分析。SAMBA 是一套让 UNIX 系统能够应用 Microsoft 网络通信协议的软件。

③ FTP/TFTP 文件下载。通过 FTP/TFTP 方式取得日志文件，是在日志所在的主机上将日志文件直接传送到审计系统设备上，然后在审计系统内部进行分析。FTP 具有被动性，它允许用户把文件在远端服务器和本地主机之间移动，它是典型的在被动模式下工作的协议，这种模式把目录树结构下载于客户端然后连接就断开了，但是客户程序周期性地和服务器保持联系以使端口始终是打开的。

（4）旁路监听是将交换机或者路由器上一个或多个端口（被镜像端口）的数据复制到一个指定的目的端口（镜像端口）上，通过镜像可以在镜像端口上获取这些被镜像端口的数据，以便进行网络流量分析、错误诊断等。端口镜像工作原理：SPAN（Switched Port Analyzer）的作用主要是为了给网络审计系统提供网络数据流。它既可以实现从一个 VLAN 中若干个源端口向一个监控端口镜像数据，也可以从若干个 VLAN 向一个监控端口镜像数据。而且 SPAN 并不会影响源端口的数据交换，它只是将源端口发送或接收的数据包副本发送到监控端口。在 SPAN 任务过程中，用户可以通过参数控制，来指明需要监控的数据流种类，还可以将一个或多个端口、一个或多个 VLAN 作为源端口，并将从这些端口中发送或接收的单向或双向数据流传送至监控端口，利用旁路监听的方式，采集网络数据流量分析、进行网络故障排查，通过交换机中设置镜像（SPAN）端口，可以对某些可疑端口进行监控，同时又不影响被监控端口的数据交换。

6.2 数据存储技术

常用的存储介质包括磁盘和磁带，数据存储组织方式因存储介质而异。在磁带上数据仅按顺序文件方式存取，在磁盘上则可按使用要求采用顺序存取或直接存取方式。数据存储方式与数据文件组织密切相关，其关键在于建立记录的逻辑与物理顺序间对应关系，确定存储地址，以提高数据存取速度。

目前所能见到的硬盘接口类型主要有 IDE、SATA、SCSI、SAS、FC 等。IDE 是俗称的并口，SATA 是俗称的串口，这两种硬盘是个人计算机和低端服务器常见的硬盘。SCSI 是"小型计算机系统专用接口"的简称，SCSI 硬盘就是采用这种接口的硬盘。SAS 就是串口的 SCSI 接口。一般服务器硬盘采用这两类接口，其性能比上述两种硬盘要高，稳定性更强，但是价格高，容量小，噪声大。FC 是光纤通道，和 SCIS 接口一样光纤通道最初也不是为硬盘设计开发的接口技术，是专门为网络系统设计的，但随着存储系统对速度的需求，才逐渐应用到硬盘系统中。SSD 也称为电子硬盘或者固态电子盘，是由控制单元和固态存储单元（DRAM 或 FLASH 芯片）组成的硬盘。当前主流的数据存储方式主要有以下几种。

1. DAS（直接连接存储）

DAS 是 Direct Attached Storage 的缩写，即"直接连接存储"，是指将外置存储设备通过连接电缆，直接连接到一台计算机上。直连式存储依赖服务器主机操作系统进行数据的 I/O 读写

和存储维护管理，数据备份和恢复要求占用服务器主机资源（包括 CPU、系统 I/O 等），数据流需要回流主机再到服务器连接着的磁带机（库），数据备份通常占用服务器主机资源 20%～30%，因此许多企业用户的日常数据备份常常在深夜或业务系统不繁忙时进行，以免影响正常业务系统的运行。直连式存储的数据量越大，备份和恢复的时间就越长，对服务器硬件的依赖性和影响就越大。从趋势上看，DAS 仍然会作为一种存储模式，继续得到应用。

DAS 也可称为 SAS（Server-Attached Storage，服务器附加存储），它依赖于服务器，其本身是硬件的堆叠，不带有任何存储操作系统。DAS 作为传统的存储解决方案在企业存储中有着广泛的应用，它主要适合那些对数据容量要求不大，并且对数据安全要求不是很高的应用。

2. NAS（网络附加存储）

NAS（Network Attached Storage，网络附加存储）是一种将分布、独立的数据整合为大型、集中化管理的数据中心，以便于对不同主机和应用服务器进行访问的技术。从结构上讲，NAS 是功能单一的精简型计算机，因此在架构上不像个人计算机那么复杂，在外观上就像家电产品，只需电源与简单的控制按钮，NAS 系统是直接挂在网上的专用文件服务器，具备快速、简单、可靠的性能，支持 UNIX 和 Windows NT 多种网络环境。NAS 直接接到交换机或集线器上，磁盘阵列接到服务器后端。NAS 不依赖于服务器，NAS 有自己的文件管理系统，把服务器管理文件的包袱卸掉，提高服务器性能，磁盘阵列没有自己文件管理系统，完全依托于服务器，当数据流量很大时，给服务器造成的压力很大，易形成 I/O 瓶颈，使整个网络系统性能降低。

磁盘阵列技术的出现，是为了提高数据存储的可靠性。它用效率来换取可靠性。NAS 把磁盘阵列技术融合在它的文件系统中，这样既提高了数据的可靠性，又利用磁盘的并行操作，提高了系统的整体性能。

控制普通磁盘的是通用操作系统，控制磁盘只是其职能中的一部分，I/O 操作算法效率不高。而 NAS 的操作系统是专用的，它只管理磁盘 I/O，算法效率最高。

当通用文件服务器的 CPU 进行 I/O 操作时，系统发生中断，等待 I/O 完成后才能恢复应用运行。在有 NAS 的系统中，应用程序需要进行磁盘 I/O 操作时，I/O 操作由 NAS 完成，在磁盘 I/O 操作中最费时间的是写操作，NAS 将写请求先写到 NVRAM（不掉电内存）中，这个动作完成后，应用程序即可恢复运行，所以效率要高得多。

磁盘操作慢的根本原因在于磁头臂的查找是机械动作，所以减少磁头臂的移动次数是提高效率的关键。NAS 对磁盘的 I/O 操作算法，尤其是写操作，比通用操作系统做了极大的改进，它最大限度地减少了磁头臂的移动次数。其算法保证磁头总是停留在一个可写的位置上，并从这个位置连续写下去。

通常的 RAID（磁盘阵列）系统，对于通用操作系统来说是外加的，是额外负担。人们使用 RAID 是为了得到高可靠性，但这是以牺牲一定的系统效率做前提的。NAS 的 RAID 系统是设计在它的专用操作系统中的，它不仅不是额外负担，相反由于多个磁盘的磁头臂可以同时并行读写，所以 I/O 速度更高了。

3. SAN（存储区域网络）

SAN（Storage Area Network），即存储区域网络。它是一种通过光纤集线器、光纤路由器、光纤交换机等连接设备将磁盘阵列、磁带等存储设备与相关服务器连接起来的高速专用子网。SAN 由三个基本的组件构成：接口（如 SCSI、光纤通道、ESCON 等）、连接设备（交换设备、网关、路由器、集线器等）和通信控制协议（如 IP 和 SCSI 等）。这三个组件再加上附加的存储设备和独立的 SAN 服务器，就构成一个 SAN 系统。SAN 提供一个专用的、高可靠性的基于光通道的存储网络，SAN 允许独立地增加它们的存储容量，也使得管理及集中控制（特别是对于全部存储设备都集群在一起的时候）更加简化。而且，光纤接口提供了 10 km 的连接长度，这使得物理上分离的远距离存储变得更容易。SAN 是千兆位速率的网络，它依托光纤通道（Fibre Channel）为服务器和存储设备之间的连接提供更高的吞吐能力、支持更远的距离和更可靠的连通。SAN 可以是交换式网络，也可以是共享式网络。 以目前的技术，其中任何一种网络都能够提供更好的伸缩性、故障恢复和诊断信息。此外，以其中任何一种网络为基础建设 SAN 都不需要对现有设施进行全面升级。由于降低了管理成本，SAN 的基本设施的最初成本也就变得并不昂贵。

6.3　运维事件定位

6.3.1　计算机取证技术

随着社会信息化、网络化大潮的推进，社会生活中的计算机犯罪行为不断出现，一种新的证据形式：电子证据，逐渐成为新的诉讼证据之一。与一般的犯罪不同，计算机犯罪行为是一种新兴的高技术犯罪，其很多犯罪证据都以数字形式通过计算机或网络进行存储和传输，包括一切记录、文件、源代码、程序等，即所谓的电子证据。由于电子证据与海量的正常数据混杂，难以提取，且易于篡改、销毁，故其获取、存储、传输和分析都需要特殊的技术手段和严格的程序，否则难以保证证据的客观性、关联性和合法性。由此衍生出的计算机取证学作为法学、刑事侦查学和计算机科学的交叉学科，日益受到各国的重视。具体来说，计算机取证是指对法庭接受的、足够可靠和有说服性的、存在于计算机和相关外设中的电子证据的确认、保护、提取和归档过程。计算机侦查取证的主要任务是从大量的计算机数据中检查出与案件有关联的反映案件客观事实的证据。

计算机取证技术可分为静态取证和动态取证，由于计算机系统应用的环境不同，有些受攻击的计算机系统可以中止所有进程，交由取证人员进行取证，这种取证的方法称为静态取证，所取得的证据称为静态证据。为了侦查工作的需要，或者网络系统实时性要求高等特殊需要，某些系统不允许中断运行，则必须在发生攻击的过程中，在不影响系统核心应用的情况下，跟踪取证，这种取证的方法称为动态取证，所取得证据称为动态证据。

6.3.2　静态取证

对于传统的静态取证来说，工作对象往往是发生了紧急事件（受到入侵）的计算机系统、磁盘或其他数据存储介质，主要涉及数据获取和数据分析技术。稍有经验的犯罪分子都会尽可能地擦除自己在系统中留下的痕迹，他们使用的方法通常是大量删除系统日志和相关文件。因此取证工作往往需要从系统的隐蔽处（如未分配的磁盘空间、临时文件和交换文件）获得数据，重建数据，并对数据进行分析，最后得到取证报告。

（1）数据获取技术。

一是对计算机系统数据和文件的安全获取技术。这种技术主要研究如何在全面获取数据的

同时，避免对原始介质进行破坏和干扰。尽可能地保护原始数据和信息是计算机取证的一个基本要求，也是计算机数据能作为法庭证据的一个重要条件。二是对已经被删除、被破坏的数据的获取。常用的数据获取技术包括：对计算机系统和文件的安全获取技术，避免对原始介质进行任何破坏和干扰；对数据和软件的安全搜集技术；对磁盘或其他存储介质的安全无损伤备份技术；对已删除文件的恢复、重建技术；对 Stack 磁盘空间、未分配空间、缓存和自由空间的信息发掘技术；对交换文件、缓存文件、临时文件的复原技术；对阴影数据的重要获取技术等。

（2）数据分析技术。

① 对比分析与关键字查询。将收集的程序、数据、备份和当前运行的程序、数据进行对比，从中发现篡改的痕迹，对所做的系统硬盘备份，用关键字匹配查询，从中发现问题。

② 文件特征分析技术。利用磁盘按簇分配的特点，在每一文件尾部都会保留一些当时生成该文件的内存数据，这些数据即成为该文件的指纹数据，据此数据判断文件最后修改的时间，该技术一般用于判断作案时间。

③ 残留数据分析技术。文件存储在磁盘后由于文件实际长度要小于等于实际占用簇的大小，在分配给文件的储存空间中，大于文件长度的区域会保留原来磁盘存储的数据，利用这些数据来分析磁盘中储存数据内容。

④ 磁盘储存空闲空间的数据分析技术。磁盘在使用过程中，对文件要进行大量增、删、改、复制等操作。系统实际上是将文件原来占用的磁盘空间释放掉，使之成为空闲区域，通过上述操作的文件重新向系统申请存储空间，再写入磁盘，这样经过一次操作的数据文件写入磁盘后，在磁盘中会存在两个文件，一个是操作后实际存在的文件，另一个是修改前的文件，但其占用的空间已释放，随时可以被新的文件覆盖，利用这个特性，可用于数据恢复，对于被删除、修改、复制的文件，可追溯到变化前的状态。

⑤ 磁盘后备文件、镜像文件、交换文件、临时文件分析技术。软件在运行过程中产生一些临时文件，可以用 NORTON 等软件对系统区域的重要内容（如磁盘引导区、FAT 表等）形成镜像文件，以及 BAK、交换文件等。要注意对这些文件结构的分析，掌握其组成结构，这些文件中往往记录一些软件运行状态和结果，以及磁盘的使用情况等，对侦察分析工作会提供帮助。

⑥ 记录文件的分析技术。一些新的系统软件和应用软件中增加了对已操作过的文件的相应历史记录。这些文件名和网址可以提供一些线索和证据。

6.3.3 动态取证

以上提到的取证技术和工具都是基于一种静态的观点，即事件发生后对目标系统的静态分析。随着计算机犯罪技术手段的提高，这种静态的观点已经无法满足要求，需要将计算机取证结合到入侵检测等网络安全和网络体系结构中，进行动态取证。

（1）入侵检测取证技术。

根据检测方法的不同，入侵检测可分为异常检测和误用检测。异常检测，也称为基于行为的检测，其基本前提是假定所有的入侵行为都是异常的。首先建立系统或用户的"正常"行为特征轮廓，通过比较当前的系统或用户的行为是否偏离正常的行为特征轮廓判断是否发生了入侵。误用检测，也称为基于知识的检测，其基本前提是假定所有可能的入侵行为都能被识别和表示。首先对已知的攻击方法进行攻击签名，然后根据已经定义的攻击签名，通过判断这些攻击签名是否出现来判断入侵行为的发生与否。

根据检测对象的不同，入侵检测技术可以分为基于主机的检测和基于网络的检测两种。主机检测主要是分析和审计单个主机的网络数据，寻找可能的入侵行为；而网络检测有点类似于防火墙，通常布置在单独的机器上，对网络的流量数据进行分析。单纯地使用一种方式不能保障整个系统的安全，尤其是来自网络和系统内部的入侵。入侵检测取证技术是在分析主机的日志文件的同时监听所在网络的数据包，将提取的入侵信息提交给事件分析器，由其对来自各个代理的信息进行分析，从而发现可能的入侵事件，这些入侵事件的日志和捕获的数据包的包头中记录有攻击源的信息，记录这些电子证据，以便将来诉诸法律，从而有效地打击计算机犯罪。

（2）陷阱网络取证技术。

随着网络技术的发展，互联网规模的不断增长，网络带宽的增加，新的漏洞与方法不断出现，如何取得最新的攻击技术的资料、如何得到入侵者攻击系统的证据、如何跟踪攻击者等，已成为信息安全的一个重要研究内容，而网络陷阱取证技术就是其中一个重要的方面。

陷阱网络是一个网络安全的主动防御系统，由放置在网络中的若干陷阱机和一个远程控制台组成。这些分布在网络中的陷阱机可以形成一个联合的安全防御体系，实现提高网络安全性的目的。其中每个陷阱机就是一台欺骗主机，在有必要的情况下，对入侵者进行跟踪。管理控制台是一台远程主机，可以对网络中所有陷阱机进行远程的监视，并根据入侵的不同程度提出报警。陷阱机是一种专门设计来让人"攻陷"的网络或主机，一旦被入侵者所攻破，入侵者的一切信息、工具等都有可能被记录，将被用来分析学习，并有可能作为证据来起诉入侵者。

陷阱网络采用的是一种研究和分析黑客的思想。陷阱网络建立的是一个真实的网络和主机环境，可使用各种不同的操作系统及设备，在这些系统之上运行的都是真实完整的操作系统及应用程序，且不同的系统平台上面运行着不同的服务，这个网络系统是隐藏在防火墙后面的，所有进出的数据都受到关注、捕获。做好对计算机犯罪行为的侦查、取证工作，利用有效的法律手段对计算机犯罪行为予以制裁，对于打击和威慑计算机犯罪行为具有重大意义。

6.4 运维数据管理

6.4.1 数据分析

面对动辄数万条的告警信息，传统的、单纯的日志事件集中展现令运维人员很难找到后续处理的工作重点。在运行维护过程中，可对重要资产告警事件进行优先处理，使运维管理者对关键事件与重要风险的把握更精准，处理更高效。协助信息安全管理者每天高效精准地关注资产风险最高的告警事件即可，避免逐条查看和分析无效风险事件，减少无用的重复性工作，提高整体工作效率。

通过对存储的历史日志数据进行数据挖掘和关联分析，通过可视化的界面和报表向管理人员提供准确、详尽的统计分析数据和异常分析报告，能最大限度地解决 IT 管理员阅读海量日志的困难，自动统一集中的显示、分析、备份日志，能避免由于管理员忽略，或者没有查看日志信息导致的安全隐患，可以帮助甚至代替 IT 管理员做这项工作，可以及时有效地发现预防安全漏洞，采取有效措施，提高安全成效。

操作结果数据分析包括两个方面，一是对系统日志进行分析，日志不仅留存了运维操作的信息，还留存了信息系统其他所有的信息，对日志的分析不仅能对非授权的运行维护行为实施管理，还能对非授权的人员，例如黑客的操作进行防范。二是对正常的运行维护操作日志进行分析统计，防范可能的误操作和恶意操作。

各种数据采集技术将日志文件获取到本地后，交由分析模块进行分析，并将分析的结果存入日志数据库中。日志分析的目的是会告诉系统发生了什么和什么没有发生，然而，以一个实际的网络环境（500 台左右的计算机）为例，若每天可产生 250 万条左右的日志，如果要做一天的流量统计，则需要对这 250 万条日志进行分析。因此，在日志初步处理经过分类后格式化之前必须对日志进行更深层次的分析，对日志做合并和初步统计，减少报表引擎可见的日志条数，如图 6-1 所示。

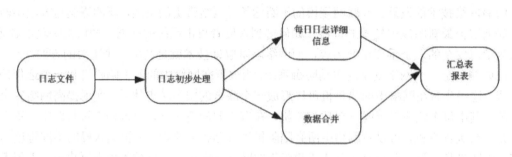

图 6-1　日志分析模型

日志归并后就需要对日志进行分析，日志分析是指确定一些紧要的事件记录，加以规范、整合、分析、关联及做出适当的追踪、调查及应对措施。

日志记录计算机犯罪的大量"痕迹"，是计算机和网络系统用于记录发生在计算机本地系统或者网络中的事件的重要审计凭据，为打击计算机犯罪提供非常重要的线索和证据来源。如何充分利用日志资源在重点范围内实时发掘有效的计算机证据，重建入侵事件，追踪入侵肇事者，是日志分析过程中尤为关键的一步。日志文件是计算机和网络系统用于记录发生在计算机本地系统或者网络中的事件的重要审计凭据，是计算机犯罪线索勘查取证的重要对象。针对系统日志进行分析的方法主要有以下几种。

（1）基于日志规则库的分析方法，即通过收集入侵攻击和系统缺陷的相关日志知识来构成日志知识库，并利用日志知识寻找企图利用这些系统缺陷的攻击行为。

（2）基于统计的日志审计分析方法，即根据系统日志定义正常用户的行为模式，然后根据当前用户行为模式与历史用户行为的偏差判断。

（3）基于机器学习的分析方法，即利用日志的信息来学习用户的正常行为模式，通过日志的历史事件用一些学习算法来预测未来的用户行为。

（4）基于数据挖掘的分析方法，即从海量日志数据中提取出所感兴趣的数据信息，抽象出有利于进行判断和比较的特征模型，根据这些特征向量模型和行为描述模型，采用相应的数据挖掘算法判断出当前网络行为的性质。

（5）基于状态转移的分析方法，即采用系统状态、状态转移与日志特征的表达式来描述已知的网络攻击模式，采用优化的模式匹配技术判断当前事件是否与攻击模式匹配。

在这些方法中，它们都在各自的分析领域内得到了较好的分析结果，但都只从单方面考虑造成这些入侵违规的因素，没有把各种日志信息综合关联分析，得到的分析结果往往比较片面。

6.4.2　日志分析的意义

在任何系统发生崩溃或需要重新启动时，数据就遵从日志文件中的信息记录原封不动进行恢复。每个日志文件包含许多信息，如果知道如何理解这些信息，更重要的是知道如何从边界防御的角度来分析这些数据，那么日志数据的价值将无法估量。日志在网络安全方面有着十分重要的作用，它们可以为事故处理、入侵检测、事件关联以及综合性的故障诊断等各种网络安全事件提供帮助。

1. 事故处理

网络日志文件最明显的用处是提供可用于事故处理的数据。例如，如果网络管理员收到一个关于设备已遭到损害的报告，可以使用网络日志文件来判断哪个主机或哪些主机应该对该攻击负责，以及攻击者可能使用了哪些攻击方法。当 Web 页面遭到破坏时，系统管理员可以查询该 Web 服务器的日志，还可以查看其他设备的日志，恶意流量可能经由这些设备。通过这些设备的日志可以提供与此攻击和攻击者有关的其他信息，在事故处理中，网络日志文件的价值不可估量。

2. 入侵检测

入侵检测是主动使用日志文件。通过连续地监控日志文件条目，当某人正在对一个网络进行扫描或执行探察，或者一个实际的事故正在发生时，可以获得与此相关的通知，这样做有助于事故处理，当检测到一次重要的入侵，并且获得此入侵事件的报告时，就已经获得了需要用来就这个事件进行事故处理的许多数据。

3. 事件关联

在执行事故处理和入侵检测的过程中，事件关联十分有用。事件关联是指同时使用来自各种设备或者应用程序的多个日志。可以通过事件关联来确定发生了什么事情。例如，假设找到内部路由器日志上的一条可疑目录，该条目涉及一个外部主机，于是搜索网络防火墙的日志中提供关于该行为的更多信息的条目。事件关联的另一个用处是将事件进行彼此关联，如果电子邮件服务器受到损害，就可搜索来自路由器、防火墙和其他的设备的各种网络日志，以此来寻找任何与该损害事件有关的证据，如建立达到邮件服务器的其他连接尝试，或者建立达到网络上的其他主机的连接尝试。

4. 综合故障诊断

网络日志文件在进行综合故障诊断时可以提供帮助，当涉及连接性故障诊断时更是如此。例如，某个用户抱怨应用程序不能从外部服务器下载数据，通过获取此用户机器的 IP 地址，然后找出什么时候使用这个应用程序的，就可以快速搜索防火墙的日志，从日志中寻找为建立所需连接而进行的（被拒绝的）尝试。如果防火墙对所有允许的连接也进行了日志记录，而且能够从日志中找到此远程站点的有效连接，那么，从这个实事中可以看出问题最有可能与远程服务器或应用程序有关，而不是同自己的边界防御配置有关。

日志对于网络安全的作用是显而易见的，无论是网络管理员还是黑客都非常重视日志，一个有经验的管理员往往能够迅速通过日志了解到系统的安全性能，而一个聪明的黑客会在入侵成功后迅速清除掉对自己不利的日志，无论是攻还是防，日志的重要性由此可见。而且由于目前的网络攻击日趋复杂和隐蔽，因此继续将正常的通信流量与网络攻击区分开来也就变得越来越困难了。最简便的方法就是定期去检查各个网络设备的日志，以便查找和预测可能发生的异

常事件，而不是坐等系统出现故障或危害真正出现时再采取措施。

在网络中每天都产生大量的日志数据，这些日志数据详尽记录了网络设备的运行状态和网络中发生的各种事件，但数据纯粹是数据，它本身并没有能力将这些数据转换为有用的信息，而且不同的网络设备产生的日志文件格式和存储的位置各不相同，许多管理员为了了解系统运行状况，不得不定期审查每一个系统的日志文件，这不仅费时且会影响其他工作。而且由于产生的日志数据量往往很庞大，如果没有一个简单的方法进行查询的话，分析这些日志也显得非常困难。因此，对网络中的所有的日志文件包括 Windows 系统事件日志、应用服务日志、UNIX/Linux 服务器日志、防火墙日志和其他应用工具的日志文件进行集中管理和分析对于维护系统状况、监视系统活动及维护系统安全至关重要。

 项目实施

6.5 运维操作数据管理

6.5.1 任务 1：操作日志采集

日志文件能够详细记录系统每天发生的各种各样的事件，对网络安全起着非常重要的作用。网络中有大量系统设备，对所有的系统设备日志逐个查看是非常费时费力的。在日常网络安全管理中应该建立起一套有效的日志数据采集方法，将所有系统设备的日志记录汇总，便于管理和查询，从中提取出有用的日志信息供 IT 运维人员使用，及时发现有关系统设备在运行过程中出现的安全问题，以便更好地保证系统正常运行。

1．Windows 系统日志采集

由于 Windows 系统自身不具备日志转发功能，所以对 Windows 事件采集，需要在被管设备中安装一个 Agent 采集程序，完成对 Windows 系统事件的采集。Agent 文件包括两个版本，LogbaseWindowsAgent_x64.exe 和 LogbaseWindowsAgent_x86.exe，分别安装在 64 位和 32 位的 Windows 操作系统上，具体配置方法如下。

（1）安装 Windows Agent 采集客户端，如图 6-2 所示。

（2）Windows Agent 客户端安装步骤比较简单，直接采用默认配置即可，安装完成后 Agent 将打开服务安装界面，服务安装配置在 Windows 命令行界面完成，具体的配置内容如图 6-3 所示。

审计服务器的类型选择"2"，为日志审计 4.0 版本；审计服务器的地址为"192.168.1.30"，IP 地址需要根据实际 IP 地址配置进行输入。

审计服务器的端口为"8004"，服务器的探测器 ID 为"99"，服务器的探测器 KEY 为"12345678"。

最后输入认证密码，该密码可以自行输入，在卸载该服务的时候需要输入认证密码。

（3）单击"服务器管理器"→"服务"，也可以手动启动 Eventlog to Logbase 服务，如图 6-4 所示。

图 6-2 Windows Agent 采集客户端安装

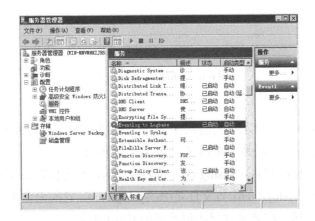

图 6-3 Agent 服务配置

图 6-4 手动启动 Agent 服务

（4）打开"管理工具"中"本地安全策略"，单击"本地策略"中的"审批策略"，如图 6-5 所示，审核不管成功或失败都会发出日志。

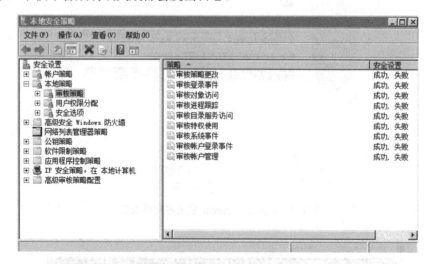

图 6-5　Windows 安全策略配置

（5）打开 IE 浏览器，输入综合审计系统的地址，如 https://192.168.1.30，输入系统管理员用户名"admin"与密码"safetybase"，单击"登录"按钮即可进入系统，在系统的首页查看 Windows 事件，如图 6-6 所示，就能够发现 Windows 系统日志有无实时采集到。

图 6-6　Windows 事件查看

2. Linux 系统日志采集

Linux 系统包含了很多与日志有关的软件包，通过这些软件包可以对日志进行记录、管理、分析、监测等操作。Linux 系统通常采用 Syslog 方式采集日志， Linux 平台上的 Syslog 一般都随 Linux 系统安装时已经安装。Syslog 既可作为客户端，也可作为服务器端，并且支持远程的日志收集。日志进程 Syslogd 的配置文件是/etc/syslog.conf，它的内容决定了系统日志记录哪些内容、采取什么动作等。配置文件日志记录表如表 6-1 所示。

表 6-1　配置文件日志记录表

日志设备名称	用途
Authpriv	认证用户时，如 Login 或者 su 等命令执行时产生的日志
Cron	系统定期执行任务时产生的日志
Daemon	某些守护程序，如 in.ftpd，通过 Syslog 发送的日志
Kern	内核活动产生的日志信息
lpr	有关打印机活动的日志信息
Mail	处理邮件的守护进程发出的日志信息
mark	定时发送消息的时标程序产生的日志信息
news	新闻组守护进程发送的日志信息
user	本地用户的应用程序产生的日志信息
uucp	Uucp 子系统产生的日志信息
Local0～local7	由自定义程序使用

（1）登录 Linux 系统，编辑 Syslog.conf 文件，输入"vi /etc/syslog.conf"命令，如图 6-7 所示。

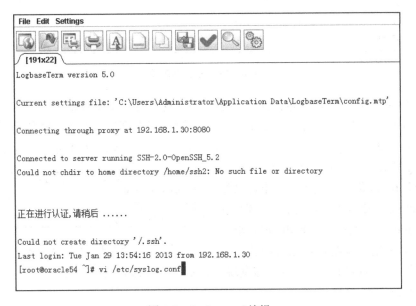

图 6-7　Syslog.conf 编辑

（2）编辑 etc/syslog.conf 文件，如图 6-8 所示，在有关配置的操作部分用一个"@"字符指向日志服务器，如*.debug@192.168.1.30（日志服务器），然后保存配置，Syslog 有七个级别的日志，可以根据需要选择。七个级别分别是：

LOG_EMERG：紧急情况，需要立即通知技术人员。

LOG_ALERT：应该被立即改正的问题，如系统数据库被破坏、ISP 连接丢失。

LOG_CRIT：重要情况，如硬盘错误，备用连接丢失。

LOG_ERR：错误，不是非常紧急，在一定时间内修复即可。

LOG_WARNING：警告信息，不是错误，如系统磁盘使用了 85%等。

LOG_NOTICE：不是错误情况，也不需要立即处理。

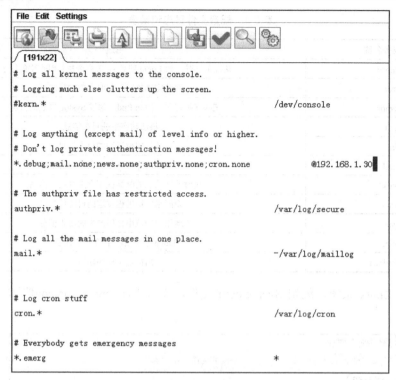

图 6-8　日志服务器配置

LOG_INFO：情报信息，正常的系统消息，如骚扰报告、带宽数据等。

LOG_DEBUG：包含详细的开发情报的信息，通常只在调试一个程序时使用。

（3）执行 "service syslog start" 命令，启动 Syslog 服务，如图 6-9 所示，将会把 Linux 日志通过 Syslog 协议发送到指定的日志系统中。

（4）打开 IE 浏览器，输入综合审计系统的地址，如 https://192.168.1.30，输入系统管理员用户名 "admin" 与密码 "safetybase"，单击 "登录" 按钮即可进入系统，在系统的首页查

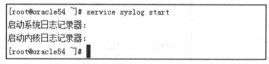

图 6-9　Syslog 服务启动

看 UNIX 事件，如图 6-10 所示，就能够发现 Linux 系统日志的采集结果。

3．网络流量数据采集

网络流量采集分析是一个有助于网络管理者进行网络规划、网络优化、网络监控、流量趋势分析等工作的工具，通过对网络信息流的采集并分析可帮助网络管理者得到网络流量的准确信息，为网络的正常、稳定、可靠运行提供保障。监控上网流量信息，主要采用旁路监听的技术实现，它将交换机或者路由器上一个或多个端口（被镜像端口）的数据复制到一个指定的目的端口（监控端口）上，通过镜像可以在监控端口上获取这些被镜像端口的数据，以便进行网络流量分析、错误诊断等。

（1）在交换机做好端口镜像，需要把监视到进出网络的所有数据包镜像到交换机的镜像口，通过系统运维安全管控平台远程登录到交换机，在配置模式下，交换机端口镜像配置如图 6-11 所示。

图 6-10 UNIX 事件查看

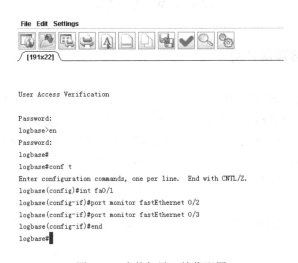

图 6-11 交换机端口镜像配置

输入监听端口（镜像端口）：

```
Switch(config)#int fa0/1
```

输入被镜像端口：

```
Switch(config-if)#port monitor fastEthernet 0/2
Switch(config-if)#port monitor fastEthernet 0/3
```

（2）查看交换机端口镜像是否生效，输入"logbase#show port monitor"命令，如图 6-12 所示，查看交换机镜像结果，可看到 Fa0/1 为镜像口，Fa0/2～Fa0/3 为被镜像口。

（3）打开 IE 浏览器，输入综合审计系统的地址，如 https://192.168.1.30，输入系统管理员用户名"admin"与密码"safetybase"，单击"登录"按钮即可进入系统，在系统的首页工具栏上查看 Web 访

```
logbase#show port monitor
Monitor Port            Port Being Monitored
--------------------    --------------------

FastEthernet0/1         FastEthernet0/2
FastEthernet0/1         FastEthernet0/3
```

图 6-12 交换机端口镜像结果查看

问事件，如图 6-13 所示，就能够实时发现上网流量信息。

图 6-13 Web 事件查看

6.5.2 任务 2：存储容量计算

随着单位各项业务开展所依赖的 IT 支撑系统数量不断增多，单位领导要求技术部门应建立对关键网络设备和服务器日志定期检查和分析的制度。定期人工或采取软件分析方式对关键网络设备和服务器日志进行检查和详尽的分析，通过定期对日志进行分析和总结，及时了解网络状况、设备运行状况，发现薄弱环节，及时整改，形成记录。

为了减轻工作强度，技术部决定采用系统运维安全管控平台中的综合审计系统，来实现自动化的日志采集分析。综合审计系统的存储容量配置需要根据网络的实际情况确定，如网络中服务器数量，每天每台设备能产生多大的日志量，通过这些数值计算后，才能决定综合审计系统的存储容量配置。

1. 计算日志大小

现单位网络有 OA 服务器（Windows 操作系统）1 台、财务服务器（Windows 操作系统）1 台、业务服务器（Linux 操作系统）1 台以及网络支撑设备 3 台。根据单位现有业务访问情况，每台服务器的日志产生情况如下。

OA 服务器（Windows 操作系统），根据业务访问量情况进行估算，每天系统产生 50000 条日志，每条日志大小为 3KB，一天系统能产生 50000 条×3KB=150000KB 的日志，换算后，每天大约能产生 147MB 的日志。

财务服务器（Windows 操作系统），根据业务访问量情况进行估算，每天系统产生 20000 条日志，每条日志大小为 3KB，一天系统能产生 20000 条×3KB=60000KB 的日志，换算后，每天大约能产生 59MB 的日志。

业务服务器（Linux 操作系统），根据业务访问量情况进行估算，每天系统产生 36000 条日志，每条日志大小为 3KB，一天系统能产生 36000 条×3KB =108000KB 的日志，换算后，每天大约能产生 106MB 的日志。

网络设备每天系统产生 64000 条日志，每条日志大小为 3 KB，一天系统能产生 64000 条×3KB =192000KB 的日志，换算后，每天大约能产生 188MB 的日志。

根据上述估算，在用户单位信息系统中，服务器、网络设备等每天大约能产生 500MB 日志量。换算成 GB 来计算，大约每天 0.49GB 容量，每月日志量 0.49GB×30 天=14.7GB。

2. 选择容量配置

运维安全管控平台通过监测及采集信息系统中的系统安全事件、用户访问行为、系统运行日志、系统运行状态等各类信息，经过规范化、过滤、归并和告警分析等处理后，以统一格式的日志形式进行集中存储和管理。一般日志存储的数据量大小仅取决于运维安全管控平台磁盘存储空间的大小。

根据国家相关法律法规的相关要求，用户单位信息系统日志要保存 6 个月或者 6 个月以上，根据上述估算，在用户单位信息系统中，每月各种设备和系统产生的日志量大约为 14.7GB 。日志保存 6 个月大约需要 88.2GB 的容量大小。

不同业务类型的归档日志生成的频率和规律并不相同，为安全起见，每月生成归档日志大小的 20%作为冗余。因此总空间需求便是 14.7+14.7×20%=17.7GB，6 个月的日志保存量大约为 106.2GB。

对于业务系统需要考虑峰值带来的影响，不过只要按照这个原则来计算，都可以找到一个比较合理的日志空间需求。因此技术部门在进行审计系统容量配置时，存储容量不能低于106.2GB。

6.5.3　任务 3：运维事件定位

一天，业务部门向单位领导反应业务系统中的数据不知道被什么人进行了修改，对他们正常的工作造成了影响。领导立即通知技术部门对该情况进行调查，通过对业务系统的日志分析，发现业务系统在最近一段时间里，出现非授权的后台管理账号，对业务系统的数据做了修改，给业务部门的工作造成了很大影响。

日志记录计算机犯罪的大量"痕迹"，是计算机和网络系统用于记录发生在计算机本地系统或者网络中的事件的重要审计凭据，是打击计算机犯罪非常重要的线索和证据来源。通过日志审计，协助系统管理员在受到攻击，或者发生重大安全事件后查看网络日志，从而评估网络配置的合理性、安全策略的有效性，追溯分析安全攻击轨迹，并能为实时防御提供手段。

1. 事件分析

事件分析主要对系统日志进行分析，因为日志不仅留存了运维操作的信息，还留存了信息系统其他相关的信息，对日志的分析不仅能对非授权的运行维护行为实施管理，同时也对正常的运行维护操作日志进行分析统计，防范可能的误操作和恶意操作。通过采用人员访谈，系统查看日志的方式，大致对出现的安全事件有个初步的判断，例如该事件在什么时候发生的，造成了什么样的影响。

2. 事件检索

（1）打开 IE 浏览器，输入运维安全管控平台的地址，如 https://192.168.1.30，输入系统管理员用户名"admin"与密码"safetybase"，单击"登录"按钮即可。综合审计系统页面如图 6-14 所示。

图 6-14　综合审计系统页面

（2）导航至检索分析页面。

在运维安全管控平台页面中单击"检索分析"，选择"高级检索"，如图 6-15 所示。

图 6-15　事件检索分析页面

（3）导航高级检索页面。

在运维安全管控平台页面中，单击"高级检索"，系统会提示你所要查看日志的属性、日志入库的时间段、日志类型，同时还可以插入同级条件或者添加子条件进行查询，根据前面所分析到的，业务服务器使用的是 Linux 操作系统，出现非授权的后台管理账号，做了数据的修改，因此"日志属性"中选择"告警"信息，如图 6-16 所示。

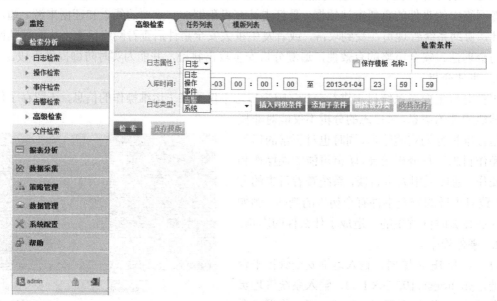

图 6-16　日志属性选择页面

（4）导航日志入库时间页面。

选择日志的入库时间，如日志入库的起始时间到结束时间，如图 6-17 所示。

图 6-17　日志入库时间选择

（5）导航日志类型选择页面。

选择日志类型，由于单位业务系统运行的操作系统为 Linux 系统，因此可以选择 UNIX 类型的日志，如图 6-18 所示。

图 6-18　日志类型选择页面

（6）导航至日志类型插入子条件页面。

为了更准确地从海量事件中检索到所需要的事件信息，选择"添加子条件"，结合前面事件分析过程中的初步结果，输入 Linux 系统命令"useradd"，如图 6-19 所示。

图 6-19　日志类型子条件添加

（7）导航日志类型检索页面。

所有检索条件全部配置完成以后，单击"检索"按钮，系统自动会根据条件进行检索，检索结果包含日志发生的时间、工具、等级、探测器 ID、发生地址、信息描述、触发的类型、策略类型、策略编号、策略名称、原始属性、告警级别、告警动作等信息，如图 6-20 所示。

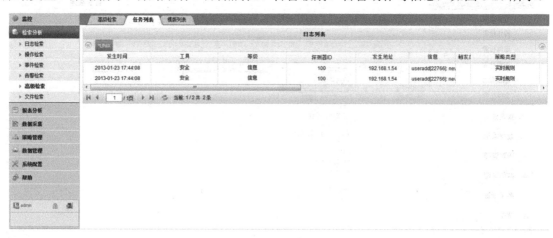

图 6-20　日志检索结果页面

3．事件定位

根据检索的结果，就可以准确对事件进行定位，知道出现该安全事件发生的时间，哪个 IP

地址，添加了什么账号，如图 6-21 所示。

日志编号:	1459144538143588354		入库时间:	2013-01-23 17:44:08
发生时间:	2013-01-23 17:44:08		日志属性:	告警
工具:	安全		等级:	信息
探测器ID:	100		日志类型:	*UNIX
发生地址:	192.168.1.54		信息:	useradd[22768]: new group: name=gavin, GID=507
触发类型:			策略类型:	实时规则
策略编号:	1		策略名称:	12
事件信息:				
原始属性:	日志		告警等级:	低
告警动作:	事件,告警		告警对象:	GRP:;USR:

图 6-21　事件分析结果

6.5.4　任务 4：运维数据管理

根据单位的相关制度规定，技术部每个月月底要把单位信息系统中服务器操作系统日志和应用系统运行日志及相关安全总结报告上报给单位领导。

单位领导通过对每个月的总结报告分析，可以很清晰地了解目前单位信息系统的安全状况，出了哪些安全事件，每年进行的安全建设是否起到了应有的作用，还有哪些不足之处，为今后单位的信息系统安全规划提供一个数据分析依据。

系统日志中包含了系统的安全信息，系统文件等各种对象被访问及操作的信息，分析报告可以通过对单位各个系统产生的访问日志及其他监测数据进行深度分析，从不同指标统计分析单位信息系统运行状况，为单位领导提供准确的数据分析信息，从而进一步保证单位信息系统的运行安全。

1. OA 系统日志事件类型统计分析报告

OA 系统服务器的操作系统是 Windows 系统，因此只要对 Windows 事件类型进行统计分析就可以，具体步骤如下所述。

（1）打开 IE 浏览器，输入平台的地址，如 https://192.168.1.30，输入系统管理员用户名"admin"与密码"safetybase"，单击"登录"按钮即可。综合审计系统页面如图 6-22 所示。

（2）导航至页面左侧的 "报表分析"模块，从"报表管理"列表中选择所要生成的统计报表的类型，如"Windows 日志事件类型统计报告"，如图 6-23 所示。

图 6-22　综合审计系统页面

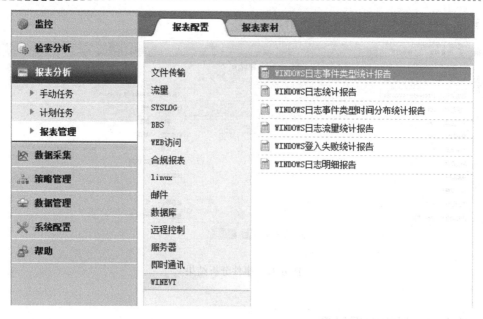

图 6-23　Windows 报表选择

（3）根据 Windows 报表模板，设置相应的报表条件，如日志入库时间、发生地址、用户等多种条件，单击"生成动态报表"按钮，Windows 日志事件类型统计报告配置如图 6-24 所示。

图 6-24　Windows 日志事件类型统计报告配置

（4）在"报表分析"模块中，选择"手动任务"，就可以看到已经生成报告的报表名称、类型、生成时间、任务状态、动作等，如图 6-25 所示。

（5）单击"手动生成"报表中的动作"查看"，就可以看到已经生成的报表，如图 6-26 所示，该报告通过时间轴、饼状图等多种方式显示本月 Windows 事件的统计分析数据。

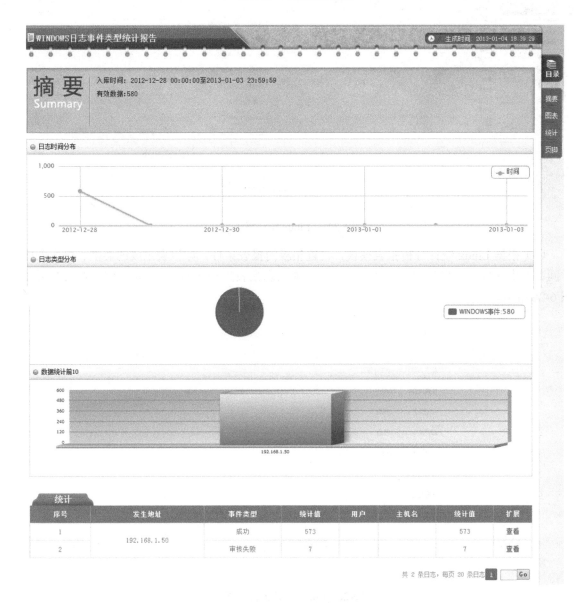

图 6-25 动态报表查看

图 6-26 Windows 日志事件类型统计报告

2. 业务系统日志生成报告

单位业务系统服务器是 Linux 操作系统,对业务系统事件生成统计分析报告,具体步骤如下所述。

(1)打开 IE 浏览器,输入平台的地址,如 https://192.168.1.30,输入系统管理员用户名"admin"与密码"safetybase",单击"登录"按钮即可。

(2)导航至页面的"报表分析"模块,从"报表管理"列表中选择所要生成的统计报表的类型,如图 6-27 所示。

图 6-27　Linux 统计报告

(3)根据 Linux 统计分析报表模板,设置相应的报表条件,如报表生成的类型、日志入库时间、发生地址、用户等多种条件,单击"生成动态报表"按钮即可,Linux 统计报告配置如图 6-28 所示。

图 6-28　Linux 统计报告配置

（4）在"报表分析"模块中，选择"手动任务"，就可以看到已经生成报告的报表名称、类型、生成时间、任务状态、动作等，单击"查看"按钮即可查看该报表，如图 6-29 所示，该报告通过时间轴、饼状图等多种方式显示本月 Linux 系统的统计分析数据。

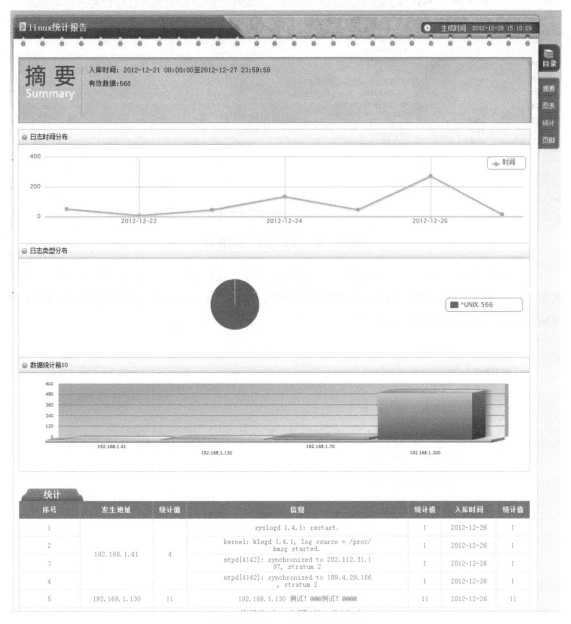

图 6-29　Linux 统计分析报告

3. Web 访问明细报告

单位统计员工 Web 网站的访问情况，查看是否有上班期间浏览跟业务无关网站的行为，具体步骤如下所述。

（1）打开 IE 浏览器，输入平台的地址，如 https://192.168.1.30，输入系统管理员用户名"admin"与密码"safetybase"，单击"登录"按钮即可。

（2）导航至页面的"报表分析"模块，从"报表管理"列表中选择所要统计报表的类型，用户 Web 访问明细报告如图 6-30 所示。

图 6-30　用户 Web 访问明细报告

（3）根据"用户 Web 访问明细报告"的报表模板，设置相应的报表条件，如报表生成的类型、日志入库时间、发生地址、用户等多种条件，单击"生成动态报表"按钮即可，Web 访问明细报告报表配置如图 6-31 所示。

图 6-31　Web 访问明细报告报表配置

（4）在"报表分析"模块中，选择"手动任务"，就可以看到已经生成报告的报表名称、类型、生成时间、任务状态、动作等，单击"查看"按钮即可查看该报表，如图 6-32 所示，该报告通过时间轴、饼状图等多种方式显示本月 Web 访问的统计分析数据。

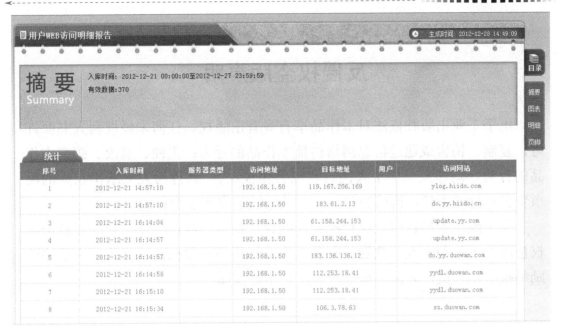

图 6-32　用户 Web 访问明细报告

学中反思

1. 对网络设备（如交换机、路由器等）进行日志采集，通常采用哪些日志采集协议？

2. 日志分析是常用的运维事件定位方法，通过日志分析可以得到的运维事件信息都包括哪些？

3. 请思考统计分析报告对于单位运维管理有何意义？

实践训练

1. 请对 OA 服务器、业务服务器及核心交换机进行日志配置，通过运维安全管控平台对其日志进行集中采集。

2. 现有一个网络环境，Windows 服务器有 4 台，每天每台服务器大约能产生 36000 条日志，Linux 服务器有 2 台，每天每台服务器大约能产生 64000 条日志，防火墙有三台，每天每台能产生 286000 条日志，交换机有 3 台，每天每台交换机能产生 112000 条日志，根据上述日志计算大小方法，计算一下需要多大的存储容量。

3. 模拟一个场景，对单位信息系统中的 OA 系统做一些危害操作，利用运维安全管控平台，准确对出现的安全事故进行定位。

4. 请配置生成 Windows 日志统计报告和访问网站统计报告，并生成相应报告模板。

反侵权盗版声明

电子工业出版社依法对本作品享有专有出版权。任何未经权利人书面许可，复制、销售或通过信息网络传播本作品的行为；歪曲、篡改、剽窃本作品的行为，均违反《中华人民共和国著作权法》，其行为人应承担相应的民事责任和行政责任，构成犯罪的，将被依法追究刑事责任。

为了维护市场秩序，保护权利人的合法权益，我社将依法查处和打击侵权盗版的单位和个人。欢迎社会各界人士积极举报侵权盗版行为，本社将奖励举报有功人员，并保证举报人的信息不被泄露。

举报电话：（010）88254396；（010）88258888

传　　真：（010）88254397

E-mail：　dbqq@phei.com.cn

通信地址：北京市万寿路 173 信箱

　　　　　电子工业出版社总编办公室

邮　　编：100036